前页

梣叶槭（*Acer negundo*）的长串翅果，通常可以持续挂果到冬季。

黄金树（*Catalpa speciosa*）的特别之处不仅在于美丽的花朵和长豆角似的果荚，还有硕大的果绿色叶片和姿态优美的苞芽。

怎样观察一棵树

探寻常见树木的非凡秘密

〔美〕南茜·罗斯·胡格 著

〔美〕罗伯特·卢埃林 摄影

阿黛 译

商务印书馆
The Commercial Press

Published by agreement with Timber Press through the Chinese Connection Agency, a division of The Yao Enterprise, LLC.

（本书由Timber Press授权出版，姚氏顾问社代理。）

献给

约翰·海登（John Hayden）

感谢他帮助我们了解我们所见的一切

大花四照花（*Cornus florida*）的叶子色彩独特，而且叶脉序式样很有特点：叶缘附近的叶脉几乎是平行的。

北美红栎（*Quercus rubra*）的雄花序和新叶同放。

CONTENTS

目录

NTRODUCTION 前言

“大部分自然现象……是我们毕生无法见到的。我们所能看到的自然之美，只是我们愿意欣赏的那一部分，分毫不差……人们只能看到自己关心的事物。”

——亨利·戴维·梭罗

“栎果发胀了。”8月末的一天，我的丈夫约翰得出了一个寻常的观察结论，可我的反应却一点也不寻常。我欣喜不已，倒不是因为那些栎果“发胀”了——在壳斗下日益胀大——而是因为这表示约翰已经被我传染了观树的习惯。我想，如果一个人总是搬着梯子去观察树上的花，或者用毛线圈来标示正在发育的果实，而你要是对这件事毫无兴趣，一定无法与之共处。

事实上，约翰一向热衷于观察树木，经过这几年和我一起细致观察之后，我们的感悟力都得到了提升。这种观树与一般的观察不同，不是简单一瞥，或是叫出它们的名字，然后把它们归为观察对象之一，例如春季何时生叶、秋季何时变色等；而是当你注意到那些区分树种的微小细节，以及代表生命周期的过程时，总会有一些东西值得观察。正如中国人不是简单地把一年分成四个季节，而是划分为二十四个节气（其中包括分别为期两周的“惊蛰”、“谷雨”、“白露”、“霜降”等），一个训练有素的树木观察者知道一年有几十个季节，而其中一个可以称为“栎果胀”。

逐渐成熟的栎果、舒展的水青冈叶片、胡桃树冒出的花序，观察这些树木的微小细节的收获促使我和摄影师罗伯特·卢埃林（鲍勃）来写这本书。在之前的一个项目里，我和鲍勃跨越两万英里，花了四年时间来描述和展示我们所在的弗吉尼亚州最美的树木。我们主要关注这片土地上的树木和它们的美。鲍勃从工程转行从事摄影，对事物的运作原理有着浓厚的兴趣。他开始留意我们所见的各种树木的组成部分，并很快开始收集各种树枝、花朵、果实和苞芽，在工作室里进行观察和拍摄。他认为“拿起相机，你才能真正看清事物”。后来，他发现了一些小现象，进一步激发了他对树木自身运转和生长方式的兴趣。为了捕捉这些

前页

仲夏时节，美国白栎（*Quercus alba*）的栎果开始鼓胀，壳斗下的坚果部分愈加明显。

小现象，他掌握了一种新的摄影形式。利用为显微工作开发的软件，鲍勃可以将一个物体以不同焦点拍摄的8—45张图片拼接起来，形成超乎想象的锐利图像。同时，受到植物手绘的启发，他在拍摄时使用白色背景，使得主体更为突出，细节更为明显。

鲍勃就像一名植物画师一样，希望他的照片能“告诉人们自然界里当下发生的事”，但他也希望自己能学到更多的知识。随着我们开始工作，鲍勃很快对芽鳞、叶片上的纤细绒毛和树木的其他细节充满了疑问。他开始学习哪些树雌雄异株，哪些雌雄同株，以及哪些是“完全花”（同时具有雌性和雄性部分）。他变成了一台提问机，总是问我要答案，但我又不是植物学家。我一直喜欢树木，而且四十年来，我一直在写关于树木的文章，也进行相关的教学（作为园艺专栏作家、自由撰稿人和植物园的教育主管），但如果让我描述树木生理学的各种部位，我还是会感到无所适从。

很有意思的是，当我向一些知识广博的朋友们，包括植物学家提问的时候，我发现他们之中有许多人从未注意过我和鲍勃在常见树木上观察到的现象。而且只要我向同事们提到我欣喜地见到银杏胚珠的传粉滴这类东西，他们也会表现得和我一样着迷。

这棵从栎果中萌生的栎树是一种栗栎（*Quercus montana*）。

长柄（花梗）上的红花槭（*Acer rubrum*）的雌花在顶端开始长成翅果，或者说“直升机”。

因此在《怎样观察一棵树》这本书里，我的任务就是在植物学家和普通树木爱好者之间架起一座桥梁，我们虽然对植物命名法不感冒，但我们对观察和了解树木抱有极大的兴趣。

所以，我和鲍勃不再像我们第一次合作那样，不远千里去看那些奇特的树木，这次我们决定关注普通树木的非凡特征。我们不再四处奔波（除非穿越草坪、互相约见这样的活动也算奔波），但我们所见的一切同样令我们惊叹。事实上，相比寻找值得拍摄和描述的物体，更大的问题是要限制和协调我们的视野。有一天我和鲍勃谈到我们在密切观察眼前发生的一切时遇到的一些出乎意料的困难，他承认："后院里的变化太快了，我完全跟不上！"我们互相发过许多紧急邮件（"檫木开花了！"），提醒对方关注一些值得注意的现象，但我们很快认识到，虽然我们同住弗吉尼亚州，我们观察到的开花时间却相差很久，更不要说出叶和落叶了。据说春天在美国的进度是平均每天北上约15英里，每天攀高约100英尺，因此我们习惯了等待——有时需要等上两周——才能见到相同的现象。

我们写这本书的目的，是为了让人们走出家门，去探寻我们所观察的那些树木的现象，因为鲍勃的照片里那些精彩绝伦的东西，去户外欣赏才能见到一个完整的体系，再加上四周映衬的风景，更具有激励人心的力量。而且观树真正的乐趣，就在于发现这些自然现象的过程。

在下面的章节里，我和鲍勃展示和描述了许多我们在密切观察树木的两年里看到的现象。我们关注的树木现象的类别和我们使用的技术适用于世界各地的观树活动。在第一章里，我描述了观树时遇到的一些困难、给（或不给）树木命名的重要性，以及一些观察策略——通过一些观察行为和方法帮助你看到更多东西。在第二章里，我详细探讨了树木的各种特征，如叶、花、球花、果实、苞芽、叶痕、树皮和树枝结构等，因为熟悉了它们，就能预告你将观察到的现象，让你发现需要寻找的目标。在第三章里，我描述了我自己的发现之旅，我花了许多时间仔细观察10种树木，并且近距离目睹了它们的季节性变化和各自不同的行为。我们选择深入描绘的10种树木分别是大叶水青冈、一球悬铃木、黑胡桃、北美圆柏、银杏、红花槭、荷花玉兰、北美鹅掌楸、美国白栎和北美乔松。

选出这10种树木并非易事。像其他树木爱好者一样，我和鲍勃各自都有自己最喜欢的树木，并且试图说服对方让其入选。我们只能选择我和鲍勃都能在自己的院子里或附近其他地方仔细观察的树木，这样我们就只能在弗吉尼亚州中部生长的树木中做选择。但这并不代表这是一个不充分的样本，因为我们所在的这个地区树木种类异常丰富。我们选择树木的标准包括树木的分布范围（我们希望地域范围越广越好）、树木的普遍性（我们倾向于常见树木，而非不常见树木），以及这种树如何以一种鲜明的方式展现出我们之前提到的苞芽、树皮、花朵和休眠芽等特征。

我们也会考虑到树木的魅力。荷花玉兰作为一种仅分布于美国东南部的树种，本来绝无可能入选，但它实在是这世上最有魅力的树木之一。曾经有个搞笑的人说过："女人无法诱惑一个被玉兰吸引的男人。"而鲍勃正是一个被荷花玉兰俘获的男人。我们两人或其中一人对某种树木的热爱也是我们考虑的因素之一，因为如果对一种树毫无好感（虽然就树木来说，熟悉之后总会产生好感，而且我仔细观察过的树总会成为我喜爱的树），就很难动笔去描写，或者花时间去拍摄。

除了重点介绍的10种树木之外，这本书还讨论和展示了许多其他分布广泛的树木，其中包括大花四照花、欧洲七叶树、黄金树、橙桑、加拿大紫荆、北美柿和北美枫香。细致观察这些树，会有很多收获。如果你附近刚好有这些树，不妨凑近看一看。特别是北美枫香，如果你经常仔细观察它的苞芽、花朵和果实，好好欣赏它色彩千变万化的树叶，它就会从杂树摇身一变成为自然奇迹。

在《怎样观察一棵树》这本书里，我们希望传达的信息是，观树可

以像观鸟一样激动人心（可能更甚，如果你喜欢的野生生物是树木的话），而且通过细致的观察，人们会更深切地认识到树木是有生命、会呼吸的生物体，与无生命的物体是截然不同的。打个比方，只要你仔细观察这本书中的照片捕捉到的那些绒毛、叶脉、气孔和其他栩栩如生的树木特征，你就会以一种全新的眼光去看待树木。

对我来说，细致观察树木的最大收获，是学会如何欣赏树木的生命力。因为树木比较高大，而且纹丝不动，因此人们会觉得像在看纪念碑一般——震撼但缺乏生气。我们看重树木缓慢而不屈的生长，把它们当作坚韧和耐力的象征，但缓慢、渐进的生长几乎无法观察，因此也就难以感受树木的生命本质。不过也有例外，比如当你看到迅速膨大的苞芽、花朵、果实和其他比树干生长速度快的部位时；“这儿活动了！”当我注意到树木这些确凿的生命迹象时，我不止一次想要惊呼。鲍勃在遇到诸如静静舒展的嫩叶、具有防护作用的绒毛、运送物质的叶脉或黏稠的分泌物等一些令人吃惊的证据时，则经常用到恐怖电影《异形》中的台词：“这是活的！”

前页

刚刚萌发的大叶水青冈嫩叶，脱去了防护性的芽鳞，卷曲着，短暂地保留着裹在苞芽中留下的折痕。

左

这个多室的北美枫香（*Liquidambar styraciflua*）果球，不要把它想成一个讨厌的小东西，而是一个构造精巧的聚花果。这个多刺装置的每一个小室里，都有两枚小小的有翅种子。

细致观察树木还有其他收获，比如这种观察让我们认识到树木机体运转的方式（我总是尽可能地描述鲍勃展现出的这些微小事物的功能），看到树木用数百万年进化出的特征也是一大乐事。我们在赞颂树木时，总是提到树木对人类的作用（各种“益处”、“价值”），但即便树木不产生任何生态作用，我还是希望能定期细致地观察它们，只为感受它们无与伦比的构造。每当我想到（偶尔也能看到）一片皱缩的水青冈叶子如何从苞芽里伸出来，一朵黄金树的花如何引导传粉昆虫来吸食花蜜，一枚悬铃木的叶柄如何保护下方的苞芽，我都要惊叹于它们的神机妙算，并且希望观察到更多这类现象。树木在地球上出现后，已经发展了3.97亿年（人类只有300万年），在复杂多变的环境中，它们为了生存而适应的智慧不容小觑。

许多作家和摄影师都非常重视他们描述和展现的对象，我和鲍勃也希望这本书的出版能使树木受到更多的保护。我最浪漫的想象，大概是只要我能让人们充分注意到红花槭花朵的美丽、枫香果球不可思议的构造，以及松果等精致的现象，树木的世界就能安然无恙。这只是一个浪漫的想法。但有时言语无法做到的事，浪漫却能做到。正如英国自然主义者彼特·斯考特（Peter Scott）对作家罗杰·迪金（Roger Deakin）所说：“要拯救面临威胁和毁灭的自然界，最有效的方法是让人们重新爱上自然的真与美。”

TREE VIEWING

观树

"思考比了解更有意思，但比不上观察。"

——约翰·沃尔夫冈·冯·歌德

一个夏天的清晨，我从河边沿山而上，在路上发现一个异乎寻常的东西，是植物的某个部件，比骰子稍小，像一个毛茸茸的绿色四角星星，或是一个微型的UFO，仿佛外星来客，与我以往见过的任何东西都不一样。我拾起它，继续上山，后来不小心把它弄丢了。一周之后，我再次爬上那座山，往上次发现那个小小的UFO的地方看过去，我注意到了一棵柿子树的树皮，它那深褐色的纵横纹路，我准不会认错。我突然有了线索：那个小小的UFO一定是从这棵柿子树上掉下来的。也许是朵败育花？它的形状的确跟柿子底部的百褶裙边（花萼）有几分相似。

就是这个引子——这个小小的有趣的绿色部件——启动了我的学习曲线，然后有人给了我一张柿子花的照片，后来我又通过研究发现柿子的雌花和雄花长在不同的树上——我学到了更多的知识。最后我终于找到一个比较低的果枝，可以仔细地观察，于是我顿觉豁然开朗。哇！我一向很喜欢柿子——单是它那包裹着种子的杏黄色果肉就值得写首赞美诗了——但对我而言，果实的发育阶段和之前的花期仍写满新奇。

关注苞芽、花朵和果实等部件可以增强我们对树木的审美和了解，但我们通常会忽略这些小现象。我把其中一个原因归结为“单镜头问题”。因为树木在我们大脑中的图像是由多种因素决定的，因此我们在观察它们时，往往只使用一种镜头——广角镜头，把树看作一个整体，尽量呈现“一团树叶长在树干上”的模样。但如果我们用特写镜头来看，就会保留更多信息。花园里花朵和昆虫的特写让我们看到自然现象里蕴含着许多微观奥秘，但树木由于高大而显得壮观，因此往往不会作为特写和显微观察的对象。每次我出去寻找树木的花朵、未成熟的果实、休眠芽和叶痕时，我知道其实我曾见过它们。事实上我经常使用网上或野外手册里的调查路线图，或其他指引我寻找目标的资料。但每次我找到我的目标，或者通过细致观察有其他意外收获时，我总觉得我像是第一个发现这种树木特征的人，因为这些现象鲜有记录。

然而，树木不会如你想象的那样轻易袒露它们的秘密。它们矗立不动，所以你会以为观树会比观鸟容易得多，但树木有时也难以捉摸。首先，许多树木特征是有时限的。比如说，如果你想找水青冈或榛木的果子，你就得按它们的生长情况（或者持续观察，以防错过）来安排你的造访时间，而且不要让饥肠辘辘的动物捷足先登了。树叶虽然美丽，但也会成为阻碍发现的障碍，因为它们有时会掩盖开花结果等现象。如果要观察树木顶部的情况，可能还要用到双筒望远镜。从山上或二楼的窗

前页

像唐棣属（*Amelanchier* sp.）这样的花同时具有雌蕊和雄蕊，被称为“完全花”。

左页

柿子的果实在每一个阶段都独具魅力。这是北美柿（*Diospyros virginiana*）的幼果，果实顶端还挺立着一个小小的黑色柱头；显著的绿色花萼紧紧地包裹着下面的果实。

户俯视，也能发现一些平时被掩盖的现象。

其他一些比较复杂的情况包括遇上树木的“小年”，你要找的那种果实产量会很少；迟来的霜冻会冻掉一棵树上所有的花朵；干旱会造成果实和树叶过早脱落；以及树木还未到成熟期（有些树木要到一定树龄才会开花结果）。然后还有一些你自己无法预见的问题：因为外出度假而错过黄金树开花；或者因为两次观察的间隔时间过长，没能看到水青冈叶子从蜷曲到完全舒展的转换。树木对走向成熟的追求远比人们对观察目标的追求坚定。

观察树木的最佳方法是在多年内定期观察。你观察得越多，看到的也就越多，不过不论层次深浅，只要去观察，总会有收获。你不用改变自己的生活方式，就可以通过观察树木获得关于树木的发现。只要仔细观察你每天在取信的路上经过的每一棵树，或者关注你的孩子常去的球场附近的树木，或者观察你乘车的地铁站附近的树木，你就会发现各种繁复得令人称奇的特征和纹路。一旦你开始注意它们，你就会意外地发现，其实观树的机会数不胜数。我曾经在火车站等着接朋友时，在红花槭的花朵上发现了一个有意思的现象；火车晚点了，于是我有机会在附近的一个停车场仔细查看那些红花槭，结果它们全都是雄花。我沮丧地离开商场，然后在室内发现我的车轮上聚集了许多树叶（从哪儿吹进来的呢？！），一下子又开心起来。出行可以创造各种机会观看路边的树木，最好是你经常走的路，还可以观察季节性的变化。你可能以为定期的观树活动就像检查捕虾器一样——多看少动——但我认为恰恰相反。比如鲍勃就常说，他跟不上后院里树木生长的速度，我也经常为我遇到的树木感到异常激动。

最后，还有一个与观树有关的变量，我不知道该称其为帮助还是障碍：命名。我们通常认为，如果能识别出一棵树的名字，就一定了解它；事实上确定树木的名字有时甚至被认为是认识树木的必要条件。然而以我的经验，能够准确认出鱼骨栎（*Quercus pagoda*）的人，和能在200码开外看到东方白杨（*Populus deltoides*）树冠的人之间确实存在正相关关系。这些人知道树木的名字和个性，他们是树木专家。但对于其他人来说，命名可能会成为一个陷阱。一种共用的语言确实有助于我们交流关于树木的信息，但也会让我们以为，知道树的名字就等于了解了它的一切。仿佛“栎”这个字就代表了这个树木结构、进化历史和生命能量的复杂综合体的一切。植物的学名就更麻烦了，因为它们让人敬而远之——让那些对学习这种神秘的林奈式语言感到绝望的人索性捂上耳朵。

我在命名这个问题上的观点是：学会把你遇见的树木跟某个名字联系起来，即便是你自己编造的名字。这种做法特别适合孩子们——让他们根据树木的外部特征为它们起名字。假设你是某个树木物种的正式命名人，想象一下，你会多么认真地去观察它啊！

最早用于树木的拉丁名实际上是冗长的描述性短语，比如把我们通常称为大叶水青冈的树描述为“具有重锯齿的矛形叶和分节的线形柔荑花序的水青冈属树木”。瑞典植物学家卡尔·林奈（Carl Linneaus）改变了这一系统，但所有的名字都是人为创造的，因此只要你愿意，你就可以随意地造出一个新的俗名来。不过问题是，当你想与其他人交流时，你会发现，你眼中的蜜蜂树对别人来说却是多花蓝果树（*Nyssa*

sylvatica）。林奈发明的双名法系统——拉丁属名加拉丁种名——确保了命名的一致性。即便是最业余的博物爱好者也会发现，用谷歌搜索“*Nyssa sylvatica*”，会比搜索“蜜蜂树”得到更加权威的信息。不过，我从很多不认识学名的人那里学到了许多关于树木的有趣知识。就好比我不仅知道有些朋友的姓名，还知道他们的昵称，就会让我们更亲近，对一棵我知道各种名字（俗名、学名）的树，我也感觉更亲近；但我认为，相较于做一名学识渊博的命名者，做一名诚实、认真的观察者更重要。一棵树，即使你不知道别人如何称呼它，也完全有可能熟知它的一切——通过树皮、叶片、姿态、花朵、果实和许多其他特征，知道名字则可以帮助你将你所见组织成语言，并传达给他人。

最后，人与树之间的关联更多地取决于树木恒定不变的又与其他物种截然不同的自然特征，而不那么依赖那些多变的名字。我们喜爱我们熟知的事物，识别各种树木的显著和不显著特征能够带来极大的乐趣。“臭椿是有害的，我很伤心。”

前页

红花槭（*Acer rubrum*）雄花的粉红色花丝的深褐色顶部是花药，正在释放花粉。

左

最开始在没有叶子的情况下能够鉴定出的树木之一，臭椿（*Ailanthus altissima*）。它粗壮的树枝有着绵软的质地，叶痕心形，刮擦树皮时能闻到一种特殊香气（像花生酱）。

我的一个朋友在读到一篇关于这种常见树木的入侵倾向的文章后，对我说道。“我喜欢它，因为没有叶子的时候我也能认出它。”是啊，臭椿那心形的叶痕，那粗壮、绵软的树枝，还有那花生酱的气味。我也喜爱臭椿的这些特征，但不是因为它们招人喜欢，而是因为我认识它们。伯恩德·海因里希（Bernd Heinrich）在《森林的故事》（The Trees in My Forest）一书中指出："对我们来说，无法识别的事物就等于不存在。"引申一下，即能够识别的事物是属于我们的。

我们对自己能够识别的事物有一种心理上的所有权。对我来说，认识一棵树就像认识一个人——了解得越多，关系越深厚，这个人（或这棵树）就会带给你无限的惊喜。比如说，你可能会认为自己了解大花四照花。它是我们的州花，如果也是你的，你可能已经知道那些看起来像花瓣的白色附属物，实际上是苞片（变态叶），在我们以为的“花”的中央才是真正的花。但只有你凑近观察，看到它真正的花——大约20朵，聚集在中间，每朵花有4片黄绿色的花瓣——真正看到这些带有4枚雄蕊和雌蕊的小花开花，这一区分才算有意义。就像发现你认识的具有某种才干的人擅长另一领域（比如我的脑外科医生会吹单簧管？），发现树木的新特征也能提高对树的欣赏能力；而等待你去发现的树木特征，即便在一个普通的后院里，也是无穷无尽的。

观察策略

仲春时节，芍药和鸢尾美得令人赞叹，但我想说一说北美齿叶冬青（*Ilex opaca*）。“看，这儿，这些花，到了冬天就会变成有名的红果果。”这些小小的雌花（与雄花异株）气味芬芳，很受蜜蜂欢迎，它们可能不会像华丽的观赏花卉一样引发惊叹，但是能给观察者带来很大的满足。首先，很少有人观察它们，因此熟悉它们使得你仿佛拥有了一个

私人的小秘密。其次，它会让你明白，这些花朵并不是在某一个神奇的瞬间变成了果实；而是要经过许多阶段才逐渐成熟——而你以前从未见证过这一切！

长时间观察一棵树木的同一部件——大小不拘——是认识树木的策略之一，而且我们进行这一活动的机会远比我们想象的多。水青冈叶片的舒展、冬青花朵的成熟，或者欧洲七叶树苞芽的膨大——要看到这些现象，你不需要拥有一片森林，每天花上一小时去观察。不仅公园可以提供观察的机会，行道树也可以像森林中的树木一样有意思。我曾见过长在曼哈顿人行道旁的银杏树，简直让人无法忘怀，还有悠长小巷里的杂树臭椿树，也是很好的观察对象。选择一种树木或树木的某个部件进行集中观察，有助于缩小视野。即便你上班的路上只有一棵树，适当地观察一

前页

芳香、多蜜的刺槐（*Robinia pseudoacacia*）花晚春开放，受到蜜蜂和人类的喜爱。

右

大花四照花（*Cornus florida*）在其分布地区（美国东部的多数地区和加拿大部分地区）是一种大受欢迎的园林树木，一年四季都十分美丽，春季开花时尤为引人注目。

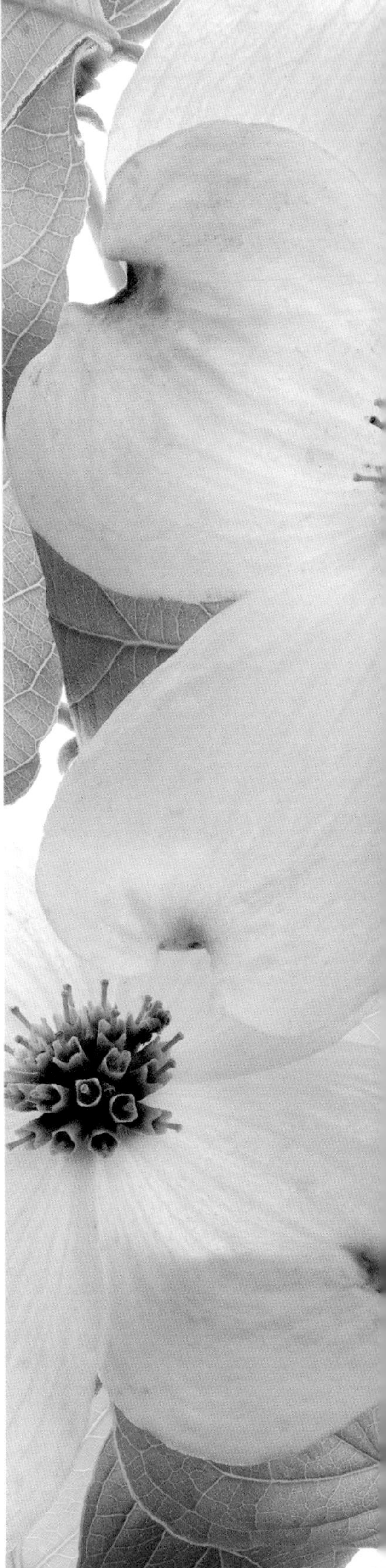

下，你的发现也会超乎你的想象。

为了看得更多，有一个策略是向下看，而非向上看。许多树木都很高大，是的，它们的主体通常高于我们的头顶，但是你可以在地上发现大量被它们遗弃的材料。我避免使用“树木残骸”和“树木垃圾”这样的字眼，因为我认为这种材料不是废物。我把它视为承载着珍宝的碎片，如同海滩上的贝壳。首先，许多树木的叶和果都高于我们的头顶，只有当它们落到地面上，我们才能近距离地接触它们。其次，这些材料掉落的时间（悬铃木的绒毛何时落进了排水沟里？桑叶何时飘落，比糖槭早吗？）与人们大肆渲染的秋叶变色一样，揭示了自然的节奏。这是一个可以标示时间的事件。老叶、针叶、果荚、果仁、栎果、种子、树枝——这些不是树木垃圾，而是散落的树木的信息。

在为路易斯·金特植物园（Lewis Ginter Botanical Garden）规划儿童园时，我与一名儿童教育协调员共事，她明智地坚持把一些“杂乱”的树木纳入景观计划中来。她列出了所有“为孩子们撒下玩具”——各种各样的花瓣、果荚、松果、树枝和树叶——的树木，使园子对学生们充满吸引力。这些“玩具”当然会带来养护问题，但如果没有枫香果球，孩子们还有什么可投掷的呢？把整洁植入到树木身上（没有果球的枫香树、没有翅果的槭树、没有果实的果树），对我来说纯属错误观念。我希望我们能够反过来改变人们，使他们能够欣赏这些树木花了几百万年创造出来的小玩意。

总之，在树木会掉落“残骸”的地方，一定要低头看。同时要注意风吹落的小礼物。有时候，狂风除了提醒你一棵树支撑着多少木材，也会吹落一根树枝，上面藏着平时无法观察到的现象。有一次，一位弗吉尼亚州的植物学家打电话来，只为告诉我她有多么幸运：一根枫香树的树枝落在她的房子旁边，树枝上不但留有前一年的果球，而且还点缀着难得一见的枫香花朵。松鼠也经常把苞芽、果

左页

大花四照花（*Cornus florida*）真正的花朵聚集在白色花瓣状的苞片中央。

右

大而尖的苞芽是欧洲七叶树（*Aesculus hippocastanum*）的识别特征之一。

实和花朵丢在地上，让我们大开眼界。

还有一个观察策略，就是找一位比较好的向导——一个能指出那些被你忽视的树木特征的人。博物学家、资深园丁、生物学家、树木管理员、树艺师、护林员，或是有许多时间在户外与树为伍的人（甚至某些足不出户的博物学家），都能为你指出一些有趣的树木特征。这是我的最佳学习方式——有一名好向导在身边。如果不是一位树艺师指出来，我不知是否会注意到悬铃木的叶子与树枝的连接部位像皮擴子一样，密密实实地把休眠芽包裹起来，但是现在，只要附近有悬铃木，我总是会向人说起这种独特的构造。

生活在二十一世纪的我们，都可以接触到一位精通博物学的新邻居——这就是互联网，它甚至会让那些精通博物学的老邻居相形见绌。虽然使用互联网时，不会像户外观察那样有阳光照在背上，但互联网会引导你找到前所未有的大量树木信息。随便说出一种树，都有人（甚至好几百人）建立过介绍它的网站。你只需要知道树木的俗名或学名，就能在网上找到它的图片和关于花朵、果实、姿态、树枝特征、叶片、树皮、伴生昆虫、伴生鸟类等等的详细描述。〔网上能找到的美国农业部的植物数据库和两卷本《北美森

林生态学》（*Silvics of North America*）尤为实用。〕你能找到的图片和描述，有些很不错，有些则差强人意。有时候你找到的信息可能不完整，或者已经落后于科学发展。所幸你通常需要寻找的只是一些现象的图片和描述，而这些现象很容易在户外得到验证。野外手册也含有大量此类信息。我有一个图书馆，里面全是野外手册，但我第一次见到胡桃雌花的图片和手绘却是在网上（然后是在我邻居的院子里）。

树木专家和有才能的博物学家写的书对观察也有帮助，这些书可以让你认识到哪些是值得观察的对象，有些书虽然没有图片，也能起到同样的作用。威尔·科休（Will Cohu）在《树林之外：居家树木指南》（*Out of the Woods: The Armchair Guide to Trees*）一书中，对英格兰路旁停车带和停车场的树木的描述，比图片更能激发人们的意愿，去寻找桤木的“两种悬垂的小玩意儿”（果球和柔荑花序）和梣木的“脏指甲”（休眠芽）。由于基本的树木生物学没有变化，因此这方面的旧书也大有裨益。事实上，这些“老”博物学家才有时间追求精益求精的树木描述。我认为特别有帮助的书包括唐纳（Donald Culross Peattie）、约瑟夫（Joseph S. Illick）和罗杰斯（E. Rogers）的经典著作，均已在本书

最后的参考书目中列出。我在这些书，以及其他书中寻找的，是与我后院里和近期接触到的树木有关的只言片语。我要感谢《教你认识树木》（*Teaching the Trees*）一书的作者琼·马卢夫（Joan Maloof），是她让我免于在小枫香树上费力寻找花朵，因为她告诉我，枫香树至少需要生长20年才能开花。

绘画、摄影、记日记也有助于观察树木。只要你画下来，不论从艺术的角度来说是否优秀，你都能学到更多知识，因此建议，如果你想看得多，记得牢，就应该多画。如果我们都把绘画看作一种锁定记忆的方法，而非艺术创造，我们就会画得多，从而看到的也多。四月的一天，我用几个小时画了一个紧闭的胡桃苞芽（我自豪地将这幅画命名为《一片胡桃叶的诞生》），现在我在树林里看到这种现象，就会生出一种似曾相识的喜悦，甚至是一种亲切感，而对我没有画过的东西是不会有的。对一种树木特征的每个细节细致入微的观察，也让我想要了解更多

前页

凡是结红果的北美齿叶冬青（*Ilex opaca*），在结果之前都有这样的雌花。

左

细齿桤木（*Alnus serrulata*）的雌果球和雄花序出现在同一根树枝上。

关于它的信息。去年，当我收到一位植物学家发来的描述同一现象的电邮时，我简直欣喜若狂。她写道："加长的顶芽周围的保护性芽鳞松开，显露出奇异的浅橙色和金色色调，看起来像一朵出尘脱俗的玉兰花。"哦，是啊，这就是我的《一片胡桃叶的诞生》。

拍摄树木也能发现许多细节，但是整棵树木总是出奇地难以被镜头捕捉。当你把取景器或LCD屏幕对准一棵树，你就会发现，你通过相机见到的树看起来毫无神采。树木像人一样，是有灵魂的，只有当你与它真实接触时，才能看到（并感受到）。一棵树给人的总体印象并不是来自光线的角度、鸟儿的鸣叫和被风拂动的树叶；而是无数其他因素的叠加，比如它和你的形态差异，以及它在自然景观中的位置。看到图片中的树，并不等于见到这棵树。另一方面，拍摄树木就像画画一样，需要你的眼睛和镜头都专注在它们身上，因此经常会让你发现一些从前忽视的东西——树枝的形态、树皮的纹路，是如此巧妙，还有树叶的姿态，是那么独特。还有特写……哦，没有哪种特写树木摄影比鲍勃的微观视角更能揭示这些现象了。

注明日期的观察是另一种有助于保持观察习惯的方式。记下你何时见过什么，不仅让你发现树木的可预见性，而且会提醒你在每年的某个时间留意观察某种现象。我记得第一次注意到住所附近的野花每年几乎都在同一时间开放时，我惊讶极了，这些日期我都记在了我的野外手册里。我料到这些日期会很接近，但不至于如此接近。除了偶尔的例外，树木落叶、开花和落果的时间，都是可以预见的。即使公交车不守时，但只要知道鹅掌楸会守时，还是值得欣慰的。树木保持着惊人的一贯性，相对于一成不变的日夜更替，它们对天气变化的反应并不明显。因此，你在生日那天看到的树木现象很有可能在下一年的生日重现，不过也会有例外。所以在向孩子们传授知识时，与其说他们是天蝎座、摩羯座、金牛座，不如说他们是一颗正在成熟的栎果，一棵冒出新芽的光叶七叶树，一棵开花的槭树。

粗皮山核桃（*Carya ovata*）的粉红色苞片在新叶下优雅地展开。

为了记录何时发生何种树木现象，除了记自然日记，或者在野外手册上做边注以外，还可以把树木的某个部分放在平板式扫描仪上进行扫描。显然，叶片之类扁平的东西比栎果等立体的东西容易扫描，但你会惊奇地发现，许多树木现象都可以压得很平整，然后记录在一张有日期的打印纸上。

你通常不会把双筒望远镜这种设备与树木研究联系起来，但因为许多树木的果实和花朵都长在高高的树枝上，如果有一副双筒望远镜，你所能见到的花和果的数目就会剧增，而且可以明显地拉近你与树木的距离。我通过双筒望远镜第一次看到了橙桑的幼果（表面有许多突起，毛茸茸的，与成熟的果实截然不同），此时我多么希望，在那一天，当我乘着帆船，望见远远的岸上有一棵开着耀眼的白花的树时，要是有一副双筒望远镜该有多好！那会是什么树呢？（后来答案揭晓：是一棵开花的苦楝树。）观鸟者通常对树木有一定的了解，因为在用双筒望远镜观鸟时，他们能看到鸟儿采食的树木果实和种子。同样地，当你通过双筒望远镜观察枫香树的树冠时，如果有一只美洲金翅雀（*Carduelis tristis*）闯入你的视野，不必大惊小怪，因为它们喜欢枫香果球里的种子。

对于你可以凑近观察的树木现象，还有一种有用的设备，即放大镜，或者相机放大镜。我推荐相机放大镜，或者其他具有5倍以上放大系数的设备。我一直不肯去买，后来鲍勃终于把他的旧相机放大镜送给了我（许多摄影师如果不需要再通过相机放大镜查看底片，就会丢弃它们），现在我已经离不开它了。有了这个放大镜，我可以看到花蕊、柔毛、种子等微小树木现象的细节，而这些我凭肉眼根本无法看到。

总的来说，最有助于增进对树木的理解，提高对树木的审美能力的三件事就是接触、接触、再接触。这种接触可以是仅仅用眼睛去看，但我在全身心投入时学得最快——触摸树木、拥抱树木，甚至如果可能的话，爬上去。拥抱树木被当作一种不良行为，我感到很遗憾，因为这是一种很好的与树建立联系的方式：用双臂环绕树木，贴紧它，皮肤与树皮相贴，除此以外，没有什么方式能这样深切地感受树木的庞大和坚实。如果这棵树高大健壮，你可以试着把它推倒。是的，使出你的浑身气力，把树推倒。可能理智上你知道，你无法撼动它分毫，但对于这种拼尽全力后却毫无反应的感受会让你深深地记住，树木是何等强健，这也是“观察”树木力量的最佳方式之一。

最后，不要仅仅从远处眺望树木。人们总是容易相信，特别是在一个空旷宽广的地方，如果能完完整整地看见一棵树，从树干底部到树冠顶部，就等于见过了这棵树。但我曾经走到一棵树下，才发现之前的远观只是雾里看花。真实的树木有着巨大的树干和厚重的枝干，只有当你站在树下，让双脚在它的树阴下扎根，才能感受和理解。只有这样，你才能欣赏它庞大的身躯，它的灵魂，它与你——一个渺小、短暂的生命体——之间妙不可言的关联。

独特的栎果、边缘被粗毛的叶片和它们的掠食者，都是南方红栎（*Quercus falcata*）的外形的一部分。

柳叶栎（*Quercus phellos*）的雄花序垂悬在嫩叶下面。

OBSERVING TREE TRAITS

观察树木特征

“真正的发现之旅不在于追求新的景象，而在于换一种新的眼光。”

——马塞尔·普鲁斯特

当你开始细致观察树木，许多从远处只能粗略看出的特征会变得清晰。叶片、花朵、果实、树枝和树皮等特征变得更有吸引力，它们的细节会帮助你更好地欣赏树木的独特性（以及它们与同属物种的相似性）。这些特征的价值超越了它们各自的总和。近观之美在于，当你观察细小的树木特征时，也会看到树木的整体形态、枝干结构、它的伴生动物和生境，甚至还有它投射在地上的影子。

只要看到树木，人们就会对树产生一个大于各部分之和的总体印象，观鸟者们称之为“气场”（jizz）。忘掉这个词的其他含义，对观鸟者来说，气场就是鸟儿通过形体、姿态、飞行姿势、大小、颜色、声音、生境和位置获得的总体印象和外观。这个词也可以用来形容树木，因为最了解树木的人看到的不是各不相同的许多部位的集合，而是一个有机的整体，就像朋友和亲人一样，那些一眼就能认出的特征和行为，已经与一个心爱的形象融为一体，绝不会认错。拿刺槐来说，它并不是复叶、下垂的白色总状花序、深裂的树皮和豆荚似的果荚这些部位的集合，而是摇摇欲坠的树干上，从断枝上垂下的五月的花朵散发出的甜香，还有围绕着花朵的蜜蜂和大嚼树叶的潜叶蝇幼虫。你需要非常熟悉树木，才能感受到它们的气场，接下来的这些信息会对你有所帮助。

叶片

我的餐桌上有两片叶子，是我夹在报纸之间压平、干燥过的。一片是硕大的鹅掌楸叶子，约14英寸宽，12.5英寸长；另一片是较小的鹅掌楸叶子，长宽约0.25英寸，长得与大叶子一模一样。我保存这两片叶子是因为我在跟自己比赛，要找到附近最大和最小的鹅掌楸叶子。我觉得小的这片已经接近最小且具有鹅掌楸叶片外形的极限，但是最大的可能还有待寻找。这样的比赛不需要任何设备，而且对其他树木的叶片大小，也可以开展类似的比赛。比如说，刚长出的栎树叶子和小小的鹅掌楸叶子一样小巧而可爱，但是鹅掌楸叶子的大小差异更加明显。

叶片尺寸：这是一个值得关注的简单类别，但很少有人会注意到。关注尺寸不仅仅是一种愉快的消遣，还可以教你一些关于树木的知识。叶片尺寸的不同不仅在于叶片的新老之别，有时还取决于叶片在树上的生长位置。比如说，许多树木向阳的叶片比较小，而背阴的叶片比较大。向阳的叶片一般长在向阳的一面和树木的顶端，它们的表面积小，可以减少它们接受的日照和风吹。背阴的叶片比较大，通常位于树冠的底部（背阴部位）或树木的北面，较大的表面积有助于它们收集充足的光照。阳光减弱时，树木需要增加它们的太阳能收集器——叶片——的尺寸，但也不能过大，以免水分蒸发过多。（植物体内的一部分水分流动是由于蒸发作用，水分会从叶片中升腾起来，进入周围的大气中。）向阳和背阴的叶片代表的不仅是生长的偶然性，同时也体现了树木在利用阳光制造养分和保存水分之间保持微妙平衡的智慧。

北美鹅掌楸（*Liriodendron tulipifera*）萌发的叶片和叶状的托叶像花一样美。

红栎组的栎树有着具芒的叶尖；白栎组为圆滑的裂片。此处展示的是北美红栎（*Quercus rubra*）（上）和美国白栎（*Quercus alba*）的叶片。

有时候，小树，特别是从齐根砍断的树桩上萌发的新枝，会长出特别大的叶片。毛泡桐（*Paulownia tomentosa*）的小树比大树的叶子更大。多年来我一直不知道这些是什么植物，它们近心形的叶子有24英寸宽，后来我发现它们不是园艺草本植物，而是定期被路边用割草机剪短了的毛泡桐。当我向一位植物学家请教这件事时，她开玩笑说："它们只是热情过度了。"另一位专家插了句话，道出了真实的原因："这种从树桩上长出来的树根系发达，能够为这些新芽和叶片提供超出它们需要的养分。栎树从树桩发出的新芽也会长出异常硕大的叶片，但最大的还是砍断的毛泡桐的伞状叶片。"

叶片的形态是树木辨识的重点，因此比叶片尺寸更引人注意，但我们多数人在学习基本的叶片形态时，对树木还没有产生真正的兴趣，也没有动力去区分各种树木。只有当你真正在乎自己看到的是双色栎（*Quercus bicolor*）还是美国白栎（*Quercus alba*）时，后者的叶片缺口更深这一点，对你而言才有意义。一本好的野外手册或一个合适的网站可以教给你基本的叶片形态，但接下来的讨论会提醒你应当注意的一些类别。这是全世界最简短的叶片教程：叶片可以分为单叶（只连接一片叶片）、复叶（一组小叶）和二回复叶（复叶的每个组成部分均为一组更小的小叶组成的复叶）。单叶的例子有栎树、槭树和鹅掌楸。复叶可以分为围绕中心点排列和分布在叶柄主线的两侧，包括光叶七叶树和欧洲七叶树（小叶围绕中心点排列），以及刺槐、胡桃、山核桃和梣木（沿中轴排列）。北美肥皂荚（*Gymnocladus dioicus*）、含羞草和苦楝树均为二回复叶（或二回羽状复叶），也就是说中间的叶柄两侧有许多长满小叶的小叶柄。

树木叶片在树枝上的排列是另一个辨识树木的特征。少数物种（槭树、大花四照花、毛泡桐、欧洲七叶树和光叶七叶树）的叶片在树枝上对生，而大多数树木物种，如栎树等，则是互生，还有极少数，如黄金树等，呈轮生排列（3片以上叶片规则地在同一点围绕树枝排列）。除了看叶片的整体形状以外，还要看它的叶尖、叶基和叶缘的形状，因为它们都是识别树木的线索。形状、颜色、表面质地、香气和叶脉纹理也是应当注意的特征。

有趣的是，不仅不同属的叶片形状不同，同属植物，甚至同一棵树的叶片形状也有变化。你可以花上一生的时间去观察鸡爪槭（*Acer palmatum*）这一物种的不同叶形，因为它的园艺品种的叶形从蕨叶形到星形，从浅裂到深裂都有，颜色从黄绿色到深绿、红色、绛红，甚至还有粉色。树木爱好者可以从个人物种记录勾掉鸡爪槭的不同品种，就像观鸟者对待各种鸟鸣一样。但是只要拥有一棵自然授粉的鸡爪槭，也能同样享受观察在树下冒出的数千棵小苗上观察叶片尺寸、形状和颜色的乐趣。（自然授粉的树木是相对于人工培育而言，会产生基因差异很大的后代。）

美国白栎（*Quercus alba*）同样以叶形多变而著称。虽然所有的美国白栎叶片都有其特有的圆形裂片（相对于北美红栎的芒刺裂片），但有些白栎叶片像琴形，叶尖有一个宽大的突起，有些则像溢出的糖浆，呈深锯齿状曲线。南方红栎（*Quercus falcata*）又提出了另一个难题，因为它的叶形变化有时跟叶片的着生位置有关，树木下半部分的叶片有时长得像土耳其栎（*Quercus cerris*）（叶基相对呈V形），上半部分的叶片则有着本种典型的钟形叶基。桑树有好几种叶形（从叶片不裂到五裂），檫木有三种——卵形、部分三裂和手套形。

叶片颜色是我们应当定期观察的另一种树木特征，而且这一活动不应局限于秋季。与秋季炽热的色彩相比，我更喜欢春叶的微绿、粉红和赭色，而且冬季的叶片色彩也在很大程度上被人们忽视了。十二月，我的栎树上挂着红褐色、红色和鲜红色的叶子，让槭树的红显得有些突兀，而在一片以大叶水青冈为主的冬季树林里做个色彩调查（完全是羊皮纸的色调），结果会与最夺目的秋季山林一样有趣。大叶水青冈（*Fagus grandifolia*）的叶片从棕褐色过渡到褪色的金色，挂在树枝上，就像挂在晾衣绳上的袜子。它们会一直挂在那里，直到来年早春，变成半透明的样子。这种一直留在树上，直到被大风吹落或被春天的新叶挤掉的老叶有一个名字，叫凋存叶。人们普遍认为这种叶片留在树上只是为了激怒那些落叶清扫狂，但事实不是这样。至今还没有人能够确定，为什么有些树有凋存叶，有些却没有，不过很有可能与保护叶片下的苞芽有关。

关于落叶，这里有一些策略，可以帮助你用不同的方式去观察它们。首先，把“落”当作动词，而不是名词。叶片落下时，它们在空中的动作是这个季节最美妙的图景。当它们从枝头落到地面，空气也有了生气，你就能看到，叶片借助自身的结构，在空中扭动、旋转、飘浮、飞转。大片的挪威槭（*Acer platanoides*）叶子的飘浮不同于悬铃木叶片风车般的旋转，而榆树叶片遇到上升气流（有时叶子会往上“掉”！）时的狂舞也与桑叶在雨中的砰然落地完全不同。你无法像说一句“我们这周末去看落叶”一样去规划一次真实的落叶。真实的落叶动作，发生在起风时——当柳叶栎的叶子纷落如雨，当树林放飞了一群银杏叶。

如果你想发自内心地感受落叶的精髓，可以试着去抓住它们。我曾经读到过一个句子：“你在这个月抓住的每一片叶子，都意味着来年一个月的幸福。”从那以后，我每年秋季都要去抓12片叶子。从空中捕捉叶子这件事，做起来比想象中难。橄榄球教练大可以让外接手练习抓叶子，因为这些叶子在空中飞舞时行迹难测。（坠落的高度越高，抓住叶子的难度越大。）

如果你接受过在空中观察叶片的培训，你可能会注意到秋季一个十分普遍但又被大多数人忽视的现象——叶片会停顿在半空中。这种违背重力的绝技的出现，一般是因为蜘蛛吐出的细长丝线垂了下来，把叶片黏住了。幼蛛会在风中喷出长长的细丝，这些丝线可以帮助它们从一处转移到另一处。秋天的时候（许多幼蛛在秋季出生）这种丝线特别多，这样难以发觉的细线上如果黏着一片叶子，所有人都会以为它是无依无着地在空中盘旋。在我家附近的一条小路上，我经常见到黏在丝线上的秋叶，我也试过在一旁等着，看叶片能在空中停留多久，结果发现，丝线支撑的时间要比我保持耐心的时间长。

收集树叶也是一种与树叶建立关联的方式。为什么要让三年级的小学生独享这份快乐呢？事实上，常见树木的基本形状不会变化，因此有些人会认为“只要见过一份树叶集，就等于见过了所有的树叶。”但是我们的树林和城市景观（更不要说我们的住址了）的组成部分会发生变化，一份好的树叶集，就等于一本自然笔记，有时甚至是一份重要的历史记录，特别是对收集树叶的日期也做了记录的情况。收集树叶也可以帮助我们在脑海中留下关于叶片的色彩、质地和形状的印象。而且仅仅是触摸树叶，也能教给你一些关于树木的知识——檫木的嫩叶竟然柔软

得不可思议！俄国小说家弗拉基米尔·纳博科夫在他的自传《说吧，记忆》中描写了一位教师，她让学生们，包括纳博科夫在内，去观察树叶的颜色："秋天为公园披上了一层多彩的树叶，罗伯森小姐给我们展示了一件漂亮的装置……在地上挑选枫叶，然后在一大张纸上排列出一道几乎完整的色谱（除了蓝色——真遗憾！），绿色渐变为柠檬黄，柠檬黄变成橙黄，依此类推，再从各种红色变成各种紫色、紫褐色，然后又是红色，再由柠檬黄变回绿色（整片绿色的叶子已经很难找到，只有一些边缘还残存着绿色）。"

自从读到这段关于罗伯森小姐的描写之后，我已经根据颜色收集过许多个树叶集，不过我都是在散步时收集在手里，没有放在纸上。我像是握着一手纸牌一样排列这些树叶，把黄色的鹅掌楸叶子移到这儿，把琥珀色的山核桃叶子挪到那儿，然后得到一个由不同颜色的叶片组成的色谱。在这个树叶集里，深褐色的枫香树叶就像黑桃A一样珍贵，而蓝色的叶子就像百搭牌一样让人欣喜。纳博科夫说得对，蓝色的叶子很难寻觅。你也可以用常绿的针叶充数，但如果仔细寻找，还是能发现一些偏蓝色的叶子，比如枫叶荚蒾（*Viburnum acerifolium*）（好吧，它是灌木），还有银白槭（*Acer saccharinum*）（只有叶背是）。你还可以用不

刺槐（*Robinia pseudoacacia*）的叶片为复叶，每片叶（像左右两边弯曲的叶和中间冒出的嫩叶）都是由小叶组成的。

同颜色的枫香树叶来做树叶集，因为到了秋季，它们的色彩异常丰富，从黄色、红色、橙色到近乎黑褐色都有。

红叶特别值得关注，因为产生这种色彩的化学变化与其他色彩略有不同。我们大都知道短日照会造成叶绿素减少，因此叶片里的绿色也会减少。没有了绿色的遮掩，叶片中的黄色和橙色就变得更加明显。但是红色和紫色的生成还伴随着其他一些变化。使苹果和樱桃变红的色素也会在某些条件下在某些树木身上产生，比如槭树。这种色素是花青素，它的生成需要阳光、雨水和适宜的温度，而产生黄色、金色和橙色的化学成分不会随季节发生变化。低温（但不至于寒冷）的夜晚和晴朗的白天有利于花青素生成，因此某些年份的秋叶会格外红。同时强光有利于花青素生成，所以你会发现同一棵槭树的某些部位会比其他部位红，因为光照多的叶片更红。

当我们热烈地讨论着叶色的呈现——“由于干旱（或雨水、高温、寒冷），今年是最差的（或最好的）”——我们几乎都不知道自己在谈

红花槭（*Acer rubrum*）的嫩叶展现出其特有的对生叶。

论什么，但是呀，我们多想知道啊！事实是，花青素的参与只是红色生成的一个条件，此外还涉及树木中的糖类和其他因素。任何一种关于树叶变色的简单解释都是不准确的，因为这样就暗示了这只是一个简单的过程。我吃惊的是，我所看到的颜色是由日长、天气和光照的波动引起的化学校准反应形成的；因为每年的天气和光照情况不同，因此每年秋季呈现的色彩也会发生变化。

我认为大肆宣传秋季里所谓的秋叶鼎盛的两三周时间是一个很大的错误。这样可能会推动旅游业，但是对于改善观看体验毫无帮助。实际上，秋季的叶色转变是一个很长的过程，与短暂的胜景相比，观察这个变色的过程更令人满足。对我来说，秋季始于七月，当我在地上发现第一片红色蓝果树树叶的时候；然后是八月，黄色的胡桃叶纷落如雨；九月是火炬树上深深浅浅的红；十月在多彩的枫叶里达到顶点；然后十一月，琥珀色的山核桃叶子随风落下。而十一月的最后一波银杏黄就是这个季节的谢幕演出。

秋季叶色也可以在地面上欣赏。我和鲍勃到弗吉尼亚州各处去看美丽的树木，经常到了一个特别的地方，却发现善意的主人已经把我们想要拍摄的树下落叶耙起来了。在弗吉尼亚州的福尔斯彻奇，一棵格外美丽的水青冈树下，灿烂的黄叶还一堆堆地在树干边堆着，我本想请管理员把这些树叶耙回树枝下面，但最终还是放弃了。

树下大片散落的彩叶十分美丽——可以看作树木脱下的斗篷——如果不看一眼就清理掉，就如同错过了这棵树的衣橱里最重要的一件衣服。何况，从生态的角度来看，把落叶留在原地，让它们发挥护根作用，也比直接清理掉更有道理。而且把树叶耙走，然后换上用其他树木的树皮制成的护根材料，绝对是错误的做法。地上的树叶如同在树上一样具有观赏性，而且我知道有些园丁会故意把花期较晚的多年生草本植物安排在一起，让彩色的落叶能落入其中。受到他们的启发，我在糖槭树下种了淡紫色的椭叶紫菀。到了秋天，黄色和杏黄的糖槭树叶落在紫

鸡爪槭（*Acer palmatum*）和羽扇槭（*Acer japonicum*）的栽培品种的叶片集显示了这些叶子的多变性。

枫香树（*Liquidambar styraciflua*）从绿色、黄色、橙色、红色到紫色，组成一个完整的色谱。

菀花上，就像蛋糕上的裱花。美极了！虽然效果短暂，不过许多美好的事物都是如此。

我还想说明一下有瑕疵的叶片之美，以及它们所传达的信息。蓝果树叶的一个识别方法是其叶面上的黑斑。现在许多蓝果树的栽培品种都能抗这种叶斑病，但在野外，光亮的红色或绿色蓝果树叶面上的黑色斑点仍是这种树木的外貌特征之一。此外，像北美齿叶冬青叶片上的潜叶蝇幼虫咬痕（通常被看作瑕疵）等，都是生态连接度高的表现。关于树木和昆虫之间的生态连接——层层交叠的连接，琼·马卢夫的《教你认识树木》一书中有很好的描述，她在其中介绍了冬青潜叶蝇的生命周期。在许多园丁的眼里，冬青潜叶蝇幼虫留下的蛇形叶痕会让他们提高警惕，即使树木和这些潜叶蝇幼虫似乎相安无事。对马卢夫而言，这些叶痕是一种生命体的活动地图，并且它的活动与其他生命体密切相关。她指出，这种潜叶蝇幼虫以北美齿叶冬青（仅此一种）叶片的上下表面之间的植物细胞为食，而它也是一种寄生黄蜂的幼虫的唯一食物。

镂空的叶子——被昆虫咬出花边的叶子——让树木观察者和昆虫学家同样感兴趣。在我家附近，最有可能被镂空的是野葡萄的叶子，不过悬铃木的叶子也常被咬出花边。研究员马克·麦克卢尔（Mark McClure）找出了五种以悬铃木叶片的不同部位为食的食叶昆虫，但昆虫

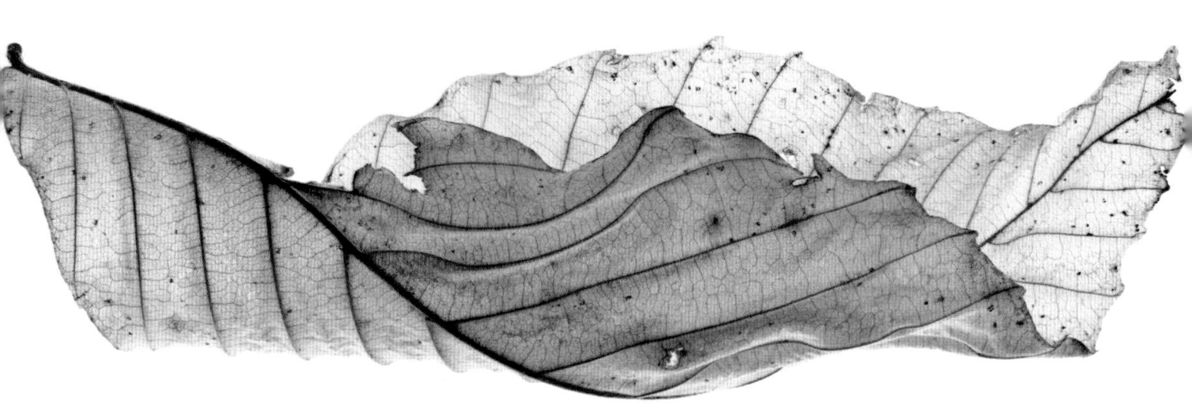

右页上

这片一球悬铃木（*Platanus occidentalis*）叶片可能是被悬铃木毒蛾的毛虫镂空的。

右页下

这片多花蓝果树（*Nyssa sylvatica*）的叶片蕴含着一个故事。

左页

大叶水青冈（*Fagus grandifolia*）的叶子在早春从树上落下前，通常薄如蝉翼。

学家阿瑟·伊凡斯（Arthur Evans）告诉我，我所见到的悬铃木叶片上的残损，可能是由第六种昆虫——悬铃木毒蛾的毛虫——造成的。

我不指望能改变花园俱乐部和园艺协会偏爱无瑕疵叶片的规则，但也许他们可以另外创建一个瑕疵品种的园艺展示类别，让园丁们能够展示有虫洞的叶子，并说明虫洞从何而来，以及出现虫洞的原因。这种方法与喷洒杀虫药相比，需要更多的专业知识和仔细观察。我不想在这个问题上冒险走得太远——比如说，我看到舞毒蛾造成的残损也会感到不快——但有些叶片的残缺并不是问题。在我眼里，叶片上的虫洞、虫瘿（通常由于储存虫卵而膨大）、昆虫到访的痕迹和其他缺陷虽有损叶片之美，但也为叶片平添了另一种美。我所赞成的叶片审美观不同于美国的选美文化，而更接近于承认残缺美和短暂美的日本禅寂文化（*wabi-sabi*）。艺术家兼作家理查德·贝尔（Richard Bell）的一句话对花和叶同样适用，也体现了我的理念："完美的花朵不能打动我：我喜欢有故事的植物。"

花与球花

约翰·巴特拉姆（John Bartram）在1738年写给英国同胞彼得·克林森（Peter Collinson）的信中记录了他的观察结果："我非常用心地观察了我们的枫香树的花，以飨您和您的好奇心旺盛的朋友。好些正式的植物学家都没有注意到枫香树的花，似乎很奇怪，但我想它的花朵难以采摘应该是它被忽视的原因之一。枫香树一般长得高大挺拔，而且常常要长到四五十英尺才开始结种子。"我不知道约翰·巴特拉姆在哪里观察的枫香树（很可能是在他的宾夕法尼亚州农场），但我第一次接触到枫香的花是在一个多年生花卉苗圃。那是位于弗吉尼亚州梅卡尼克斯维（Mechanicville）的桑迪植物园，那儿的主人桑迪·麦克杜格尔（Sandy

McDougle）在高大的枫香树下种了喜阴的多年生植物。我当时想，要从这些花盆里把枫香果球全清理出来，一定很麻烦，忽然又想到，应该抬头看看，或许能看到枫香树的花呢。当时是三月下旬，花尚未可见，但包裹着花的嫩芽肥大嫩绿，看得很清楚。桑迪让我回家取来伸缩修枝剪，剪下几根树枝，我带回家养在了水里。（“地上满是价值不菲的多年生植物，”桑迪一定在想，“这个女人却偏想要一根免费的枫香树枝！”）

一周之后的4月15日，每个含苞待放的花苞都长出了4-7枚硬币大小的星状叶片、一簇3英寸高的直立雄花和一个下垂的果球的雏形——胡椒粒大小的绿色球状雄花花序。花球上覆盖着胶状的浅绿色突起（柱头），最终会发育成带刺的果球。我不知道别人在一天之中能有怎样欣喜的发现，但我看到这个枫香幼果，构造如此精致，而且能看出它的发展趋势，实在让我高兴了一番。

高高在上，很难看到——这是许多树木的花朵共有的特点——但即便是最难寻找的花，也总有办法去观察。这方法就是首先要知道它们的存在，然后是知道要在何时寻找什么。

许多人得知北美大多数树木能开花时都感到震惊。我们欣赏鹅掌楸、苹果和木兰等其他观赏树木的花朵，但如果让一个普通人描述一下栎树、梣木、枫香树或槭树的花朵，他很可能会一脸茫然。但确实，除了一些结球花的树木（和其他一些相关树木）之外，所有的北美树木都会开花。那么，我们为什么不知道它们的存在呢？大多数北美树木的花朵“不可见”是因为它们大多数是风媒花，不需要动物传粉，因此不必长得很显眼。

显著的花能吸引传粉动物（主要是昆虫），显眼的树木花朵和大多数园艺花卉都能做到这一点。比如说，黄金树显著的花朵不仅艳丽，足以吸引蜜蜂，而且花上还有紫纹，可以引导蜜蜂找到里面的花蜜。鹅掌楸显著的花朵用橙色和黄色装扮起来，不是为了打动人类，而是为了引诱蜜蜂。如果你不向传粉者推销自己，这样花哨的装扮就是浪费精力。

借风传粉的树木包括栎树、柳树、桤木、胡桃、水青冈、桦木、枫香树、梣叶槭、桦木、榆树、颤杨、东方白杨、山核桃和桑树，都不以硕大显著的花朵闻名。槭树同时依靠风和昆虫传粉，它的花也相对较小，较不显眼。但并不是说，槭树和其他花不显著的树木的花朵就不够华丽。因为有时难以见到，因此它们的魅力一方面在于寻找它们，另一方面在于细致观察它们（它们的形状多与花朵显著的动物传粉花一样美丽），此外还在于它们会反复出现。比如说，你见过的风媒树木开花可能比你想象的要多，当你在早春见到红花槭树顶的红色（红色的是树的花朵，而不是叶子），当你见到美国榆树冠上的第一抹浅碧轻红（这种色彩来自悬垂的耳环状花序），或者看到一棵深黄色的柳树雄树（当它的柔荑花序上覆满了花粉）。（柳树的雄树和雌树都有柔荑状的花序，但是是雌雄异株的。）说到雄花和雌花，我想到了大多数风媒树木的另一个特点：它们

雄花（直立）和雌花（下垂）都增添了枫香树树枝的美丽。

的花要么是雄花，要么是雌花，而动物传粉的花常常（也不是全部）同时具有雄性和雌性部分。

在寻找树木花朵时，有一点很重要，就是知道有些树只有雄花，有些只有雌花，有些既有雄花也有雌花，有些则是兼有雄性和雌性部分的“完全”花。你可以通过查询好的野外手册或合适的网站来发现哪些树木物种有怎样的花朵结构，而掌握这些信息，不仅有助于你了解你寻找

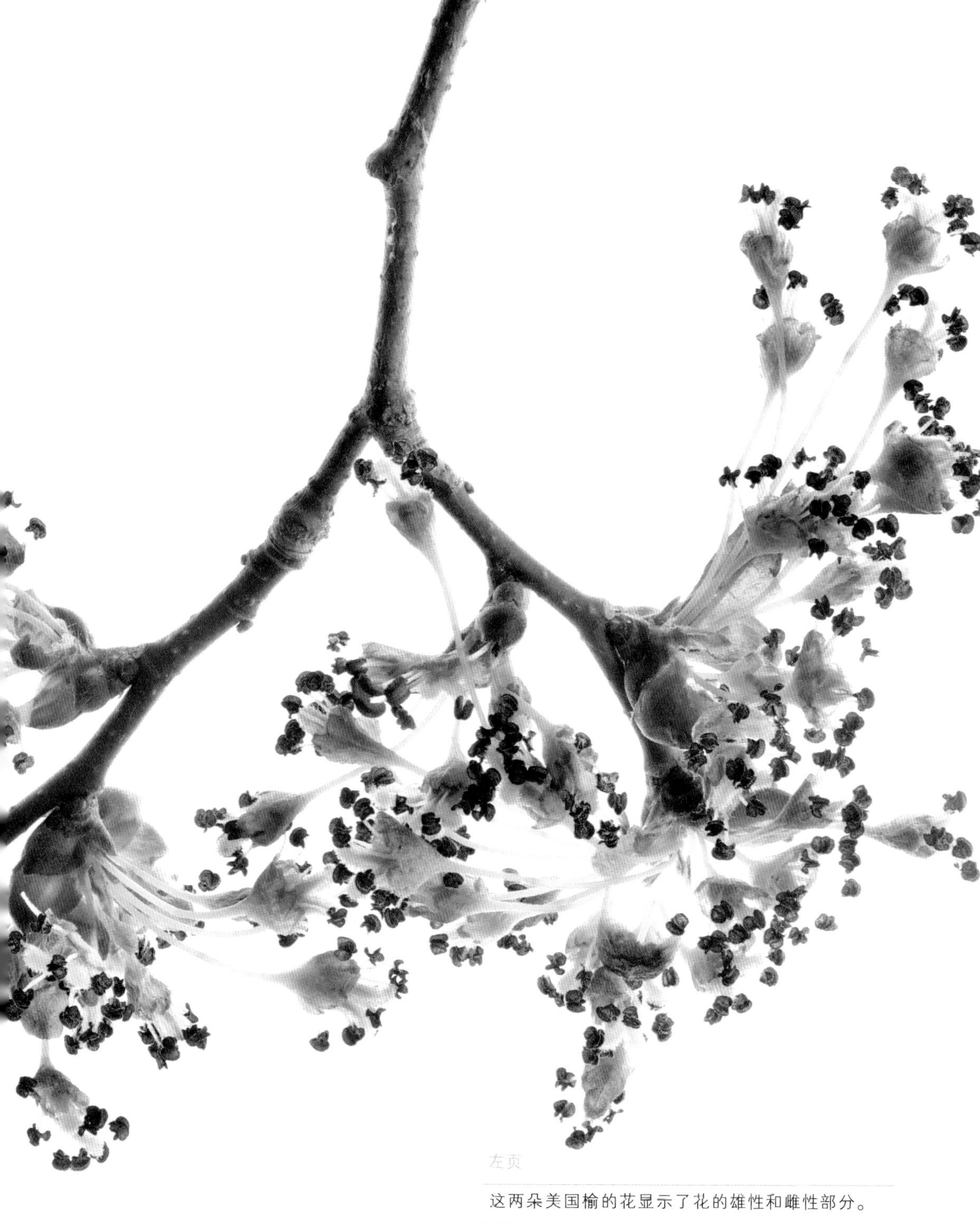

左页

这两朵美国榆的花显示了花的雄性和雌性部分。

右页

早春时节，美国榆（*Ulmus americana*）的树冠上最早出现的红绿色是花，而不是新叶。

的对象，也有助于你理解你所看到的现象。比如说，水青冈和栎树在同一植株上分别长有雄花和雌花（就是说，这两个树木物种的个体具有雄性和雌性的花）；美国白梣和柳树也分别长有雄花和雌花，但通常是在不同的植株上（就是说，这两个树木物种的个体通常只具有雄性或雌性的花）；木兰、唐棣和榆树则有着完全花，每朵花都有雄性和雌性部分。树木观察者即使无法分辨雌蕊（花的雌性部分）和雄蕊（花的雄性部分），也能很好地观察树木的花朵，但你对花朵的繁殖器官了解得越多，你的观察就更有理论依据。比如说，能够区分胡桃的雄花和雌花（并不难，因为雌花是一个毛茸茸的果实状的东西，而雄花是下垂的柔荑状）是一回事，但能够欣赏为何雌花的顶端有着膨大的突起表面（为了更好地捕捉空气中的花粉）是另一回事。

关于树木何时开花的信息就不那么容易获得，而知道这一信息又十分重要，特别是在寻找小花的树木时。（搜索这一信息时，相比野外手

左

一簇密集的未成熟雄花在美国白梣（*Fraxinus americana*）的树枝上绽放。

右页

美国白梣的花，像这些成熟的雄花，虽然先于叶出现，但往往会被人忽视。

册，网站是更好的资源。）有些树木的花先于叶出现，有些在叶片展开时开花，有些则在叶片长出后才开花。比如说，红花槭、桤木、美国榆、桦木、东方白桦和檫木在叶片展开前开花。栎树、胡桃、山核桃、枫香树和蓝果树在叶片出现时开花。晚花稠李（*Prunus serotina*）、酸木（*Oxydendrum arboreum*）和椴树在叶片展开后开花，而本土的弗吉尼亚金缕梅（*Hamamelis virginiana*）是北美树木中开花最晚的，要到晚秋树叶落尽后才开花。

跟野花和园艺花卉一样，树木的花朵也会在形状、色彩和排列上各有不同。它们或单生（像泡泡果、木兰和鹅掌楸的花），或簇生（像枫香树的花），簇生的形状可以像桦木的雄性柔荑花序长长地垂着，也可以像悬铃木的球形花序紧紧地挤在一起，也可以像檫木一样排列成松散的总状花序（圆锥、总状、穗状、头状、伞形和伞房这些园艺花卉术语也同样适用于树木的花序）。我们通常称为柔荑花序的花朵排列方式格

外有趣，不仅因为它们比较常见，而且它们的形状和“行为”很引人注目。这些单性花（全部是雄花或雌花，而不是两性花）的部位在有些树种上是直立的，但通常是悬垂的流苏状花序，优雅地从树枝上垂下来，像风向标一样随风摆动。栎树、山核桃、欧洲七叶树、桑葚和胡桃都有雄性柔荑花序，释放花粉后会萎缩脱落，即便落到地上，它们的形状仍然很有趣。但是悬在空中时，你可以看出它们的设计如何精巧：当它们在风中来回摆动时，花粉就撒了出去，如同罗马天主教的牧师挥舞着香炉释放香烟。

但是花粉并不像香烟一样受欢迎。除了受到花粉过敏者的鄙夷，人们也不喜欢花粉形成的黄色粉尘。但请记住，如果你见到花粉，你就见到了树木的一部分。而且是一个性感的部分，因为花粉可以生成树木的雄性精细胞。风媒树木的雄花可以产生数量巨大的花粉，并不是为了惹恼花粉过敏者，而是为了确保雌花受精。据估计，桦木的一个柔荑花序能释放500万颗花粉粒，而每棵树上有数十万朵花。为何如此之多？保险。风是变化无常的——不像蜜蜂传播花粉那么可靠——如果你是一棵风媒树木，你会产生大量花粉来提高每一颗花粉粒找到能接受它的雌花柱头的概率。打个比方：如果我向滑雪球游戏机的靶子抛出100个球，说不定会有一个投中。

如果你能提醒自己，树木花朵的受精和树木的繁殖离不开花粉，或许就能对自己车上的花粉多一些忍耐。虽然我们的肉眼无法看到，但如果能描绘出一颗花粉粒降落在树木的雌性部分上的过程，也会让你更好地欣赏树木的花朵或球花内部发生受精的情形的复杂性（或情欲）。我读过的关于这件事最生动的描写来自戴维（David Suzuki）和韦恩（Wayne Grady）的《树木：生命的故事》（*Tree*：*A Life Story*）。以下是他们对一棵花旗松（*Pseudotsuga menziesii*）的种子受精的描写：“花旗松的雌球花在20天内可以接受雄性的花粉，大约持续到4月底。一旦有一颗花粉粒顺着光滑的球花芽鳞滑落下去，就会陷入雌性胚珠顶端细小的粘毛里。

它有两个月的时间尽情享受这块公共领地，同时胚珠的唇部会在其周围膨大；胚珠缓慢地将花粉粒包裹起来，而花粉粒就像槌球掉进柔软丝滑的枕头里一样陷了进去。”而这仅仅是一颗花粉粒进入一棵花旗松的一个胚珠的核心。难怪空气里飘满花粉的春天感觉如此浪漫！

说到花旗松这种西海岸物种，我的思绪已经离开了我后院的那些树木，来到一种严格来说没有花的树木。这些是裸子植物，不过它们的物种遍布全球，而且它们有着类似花的结构，很容易就能在后院里观察到。裸子植物包括松树、云杉、冷杉、铁杉和北美圆柏（*Juniperus virginiana*）等，从进化的观点来说，比被子植物（有花树木）古老，生殖结构也有所不同。它们的决定性差异在于它们有着“裸露的种子”——种子没有果实组织包裹——但这一差别对植物学家来说很重要，对观察后院树木的观察者不是那么重要。对后院的观察者来说，裸子植物（至少是其中的针叶类植物）的有趣之处在于它们大多数是常绿植物，大多数是针叶，而且都有球花。

美洲檫木（*Sassafras albidum*）的雄花和雌花通常长在不同的树上。这些是雌花。

针叶类植物的雄性和雌性球花通常长在同一棵树上，但却迥然不同。曾被大多数人当作球果的部分实际上是它们的雌球花——它是木质结构，典型的如松果，会挂在树上至少一年的时间（有些针叶树可以长达十年以上），树木的种子就在其中发育。各种针叶类植物的雌球花结构和它们在树枝上的位置各有不同，因此也是一种识别特征。雌球花的形状从近圆形到鱼雷形，尺寸从小橄榄到小足球都有。它们在树枝上的位置也有所不同：比如说，云杉的雌球花向下垂，而冷杉的雌球花向上直立。幼嫩的雌球花与成熟的球花相比，通常比较小，颜色更绿，更柔软，而且质地更加接近肉质，逐渐成熟后，雌球花就会呈现出我们所期待的质地坚硬、棕色、木质的模样。

许多人没有见过，或者没有认出过针叶类植物的雄球花，因为它们

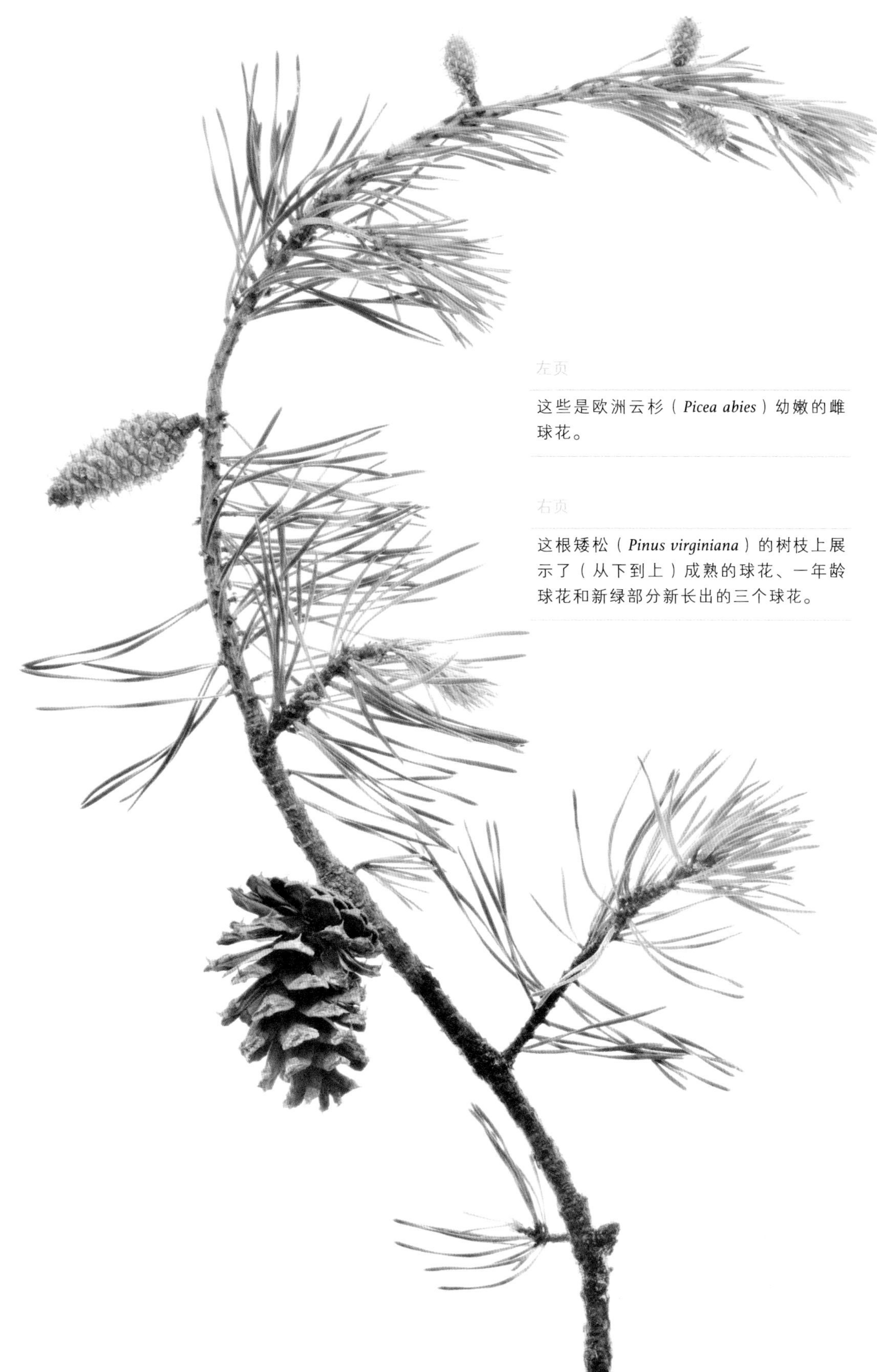

左页

这些是欧洲云杉（*Picea abies*）幼嫩的雌球花。

右页

这根矮松（*Pinus virginiana*）的树枝上展示了（从下到上）成熟的球花、一年龄球花和新绿部分新长出的三个球花。

并非木质，不符合我们对球花的想象。针叶类植物的雄球花经常被称为小孢子叶球，通常比雌球花小且短粗，它们的结构较为简单，数量上比雌球花多得多。比如说，每根北美圆柏的雄性小枝末端都有一个米粒大小的小孢子叶球。与雌球花相比，小孢子叶球的寿命相对较短，通常在释放花粉后就会从树上落下，并迅速腐烂。如同雌球花一样，我们几乎不可能总结出小孢子叶球的形状，不过其中有许多看起来像柳树的柔荑花序和小玉米粒的结合体。小孢子叶球有些单生，有些簇生，看起来几乎像花一样。幼嫩的小孢子叶球的色彩从绿色到棕色、紫色、黄色和浅红色都有，但成熟后装满了花粉，就会变成黄色或橙色。

松树的小孢子叶球簇生，成熟后看起来像一堆膨大的沾满花粉的棉签。一旦向风中释放了花粉，它们就结束了生命，落到地上。如果你也在松树上看到过这样的结构，也想过它们为何不会发育成“真正的”松果，那是因为它们是雄性的小孢子叶球，而不是雌球花。

有趣的是，云杉、松树和冷杉的雄球花和雌球花虽然有时也会出现在同一树枝上，但雌球花经常长在树冠上高出雄球花的位置。这样的安排不仅有利于散播雌球花的有翅种子，而且增加了交叉受精的机会，因为花粉不太可能会顺着一棵树垂直向上飞。如果你在秋季（而不是春季）见到一团花粉，你附近一定有一棵雪松（像黎巴嫩雪松、北非雪松或雪松），因为只有雪松属（*Cedrus* sp.）在秋季产生花粉。“太美了。”园艺学家佩姬·辛格曼（Peggy Singlemann）在弗吉尼亚州负责监督的地方长了一些雪松，风经常卷起一团团花粉，她说道：“这是许多人无缘得见的。不过我一看到就得赶紧找我的抗过敏药了。”在这本书里，相比花朵显著的树木，我花了更多的时间来描写开球花和花朵不显著的树木，因为它们常常被人们忽视，它们也同样值得关注。不过，也有一些我们应当更加仔细观察的美丽开花树木。除了本书在其他地方描述过的刺槐、大花四照花、木兰和鹅掌楸以外，其他值得仔细观察的显花树木有黄金树（边缘打褶、有紫色斑纹的白色花朵组成直立的圆锥花序）、欧洲七叶树（高耸的白色花序，花朵基部有红斑）、毛泡桐（像毛地黄一样的紫色花朵组成圆锥花序）、苹果和海棠（十分熟悉，无需赘述），还有光叶七叶树（浅黄色到奶油色的花朵，直立簇生）。即便是杂树臭椿的花，也值得细细观察。臭椿几乎已经入侵了美国所有的州，但很少有人能把它的花和火炬树的花区分开，能区分它的雄花和雌花的就更少了。但事实上，它的黄绿色雄花和雌花确实长在不同的树上，所以如果你在垃圾堆旁或其他地方找到一棵臭椿，不妨试试确定它的性别。

另外两种有着显著花朵的常见树木是椴树和紫荆。美洲椴（*Tilia americana*）和心叶椴（*Tilia cordata*）都有淡黄色的花朵，一簇簇地悬在叶状的滑板结构下面，有一种轻盈飘逸之美。加拿大紫荆（*Cercis canadensis*）和其他紫荆属物种都有着粉红色的蝶形花朵，全部紧贴着树枝，大多数人见到它时，感受到的就是它们集体的力量。

加拿大紫荆适应性强，分布广泛，北至新英格兰南部，南至佛罗里达州，西至得克萨斯州和密歇根州的部分地区，经常生长在树林边缘地带。早春绽放时，光光的树枝上覆盖着半英寸厚的洋红色花朵。紫荆的花有时呈浅粉色，甚至白色，唯独没有英文名字（Redbud）里的红色。紫荆花是一种豆科植物，长着典型的豆荚，花也像豌豆的花：中央有一片直立的花瓣，两片翼瓣，还有两片合在一起的花瓣，像船的龙骨。但如果你仔细查看每一朵花——像我九岁的孙子一样——就会发现，每朵花就像一只小小的蜂鸟。这就是用全新的眼光去观察！

紫荆的另一个有趣的特点是，它们有时直接在树干上开花。其实这种现象有一个术语，叫“老茎生花”，指的是直接从木本植物的树干、树枝和主枝上长出的花。很显然，这样的“茎上花”在热带雨林中比在温带地区常见，虽然还有其他一些温带植物据说也能老干生花，但没有一样能比得上我家后院里的这棵。我的紫荆，也只有我的紫荆，有着从粗糙、木质的树干上直接长出的娇嫩花朵。我的院子里有几十棵紫荆——它们的种子落地就会生根发芽——其中只有一棵老树有这种特征。因此，无论何时在我或别人的树上看到茎上花，都会给我带来小小的惊喜。

果实

我们大多数人一想到果实，就是铺在燕麦粥上的那些果浆丰富的种类。树木的果实包括许多多浆的可食用果实（苹果、柿子、樱桃、桑

左页

有斑的紫色线条和两条黄色条纹引导传粉者去采食黄金树花朵的花蜜。

右页

硕大的花朵和优雅的苞芽是黄金树（*Catalpa speciosa*）的看点之一。

美洲椴（*Tilia americana*）的奶黄色花朵垂悬在显著的长而弯曲的苞片下面。

加拿大紫荆的蝶形花是“完全花”，同时具有雄性和雌性部分。

葚等），但也包括山核桃的坚果、含羞草的豌豆状果荚、枫香果球，还有槭树的翅果。树木果实的种类异常丰富，是因为这一类别囊括了开花树木的每一种种子包裹结构。有些植物学家甚至把松果也归为树木果实，但大多数人认为“果实”仅指开花树木的种子结构，并不包括针叶类植物。

树木果实有时难以描述，因为用来描述它们的术语常常与我们通常所用的俗名截然不同。要准确地描述树木果实，植物学家会用梨果、核果、蓇葖果、蒴果、翅果、球果和瘦果等词汇，而不希望多用术语的作家们只好借助“球花状的果实”和“浆果状果实”等冗长的短语来指代类似球花和浆果的种子结构，但实际上却是木质球果（桤木）和肉质球花（北美圆柏）。幸运的是，普通的观察者不需要学习新的术语，也能更加准确地进行树木观察，不过这些描述性语言的复杂性正体现了这些种子结构自身的复杂性。比如说，桑葚的果实实际上是许多小核果的聚合体，每个肉质果实都包含一颗小种子；鹅掌楸的果实是许多翅果结合成的圆锥体；一球悬铃木的果球是由干瘦、多毛、仅含一颗种子的瘦果

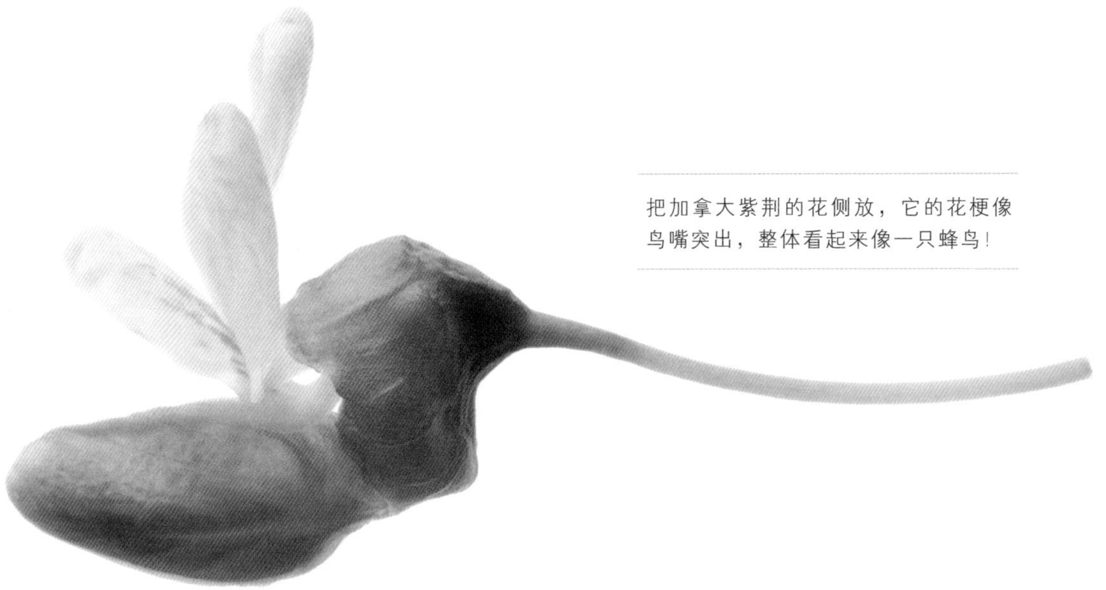

把加拿大紫荆的花侧放，它的花梗像鸟嘴突出，整体看起来像一只蜂鸟！

聚合成的。

有些树木的果实为肉质，有些干瘦（无果肉或果浆）。有些单生，有些簇生。有些有叶状的保护性覆盖物，如卡罗来纳鹅耳枥（*Carpinus caroliniana*）的成串果实；有些有刺，如欧洲七叶树和水青冈；有些覆盖物像腊肠树，呈薄薄的袋状，有些像胡桃，有着厚厚的外壳。在尺寸方面，常见北美树木的果实可以很小，轻得几乎毫无分量（如榆树的晶片状果实），也可以像垒球一样大，重量超过一磅（如橙桑）。

如果你把树木果实当作种子输送系统，它们的多样性就会更加明显。把种子传播到它能够成功发芽的地方，方法显然不止一种。正如人类发明了棕色卡车和泡沫包装来安全运输包裹，树木也发育出了相应的结构来完成安全运送种子的任务。这种结构是为了帮助种子转移到有利于发芽的地方，保证它们在传播过程中顺利存活，使它们免遭动物捕食，防止它们在错误的时间和地点发芽，并为它们提供足够的能量，让它们活到生根的时候。将所有这些任务指派给北美的1000个树木物种

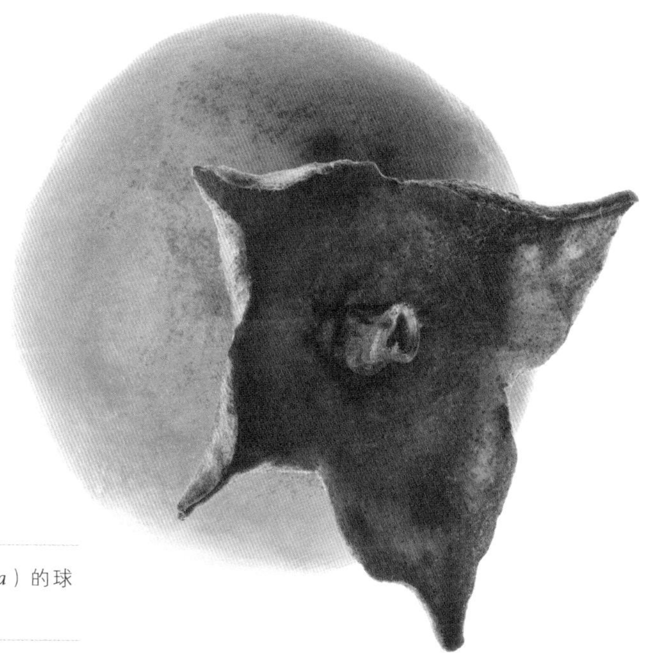

北美柿（*Diospyros virginiana*）的球状“果实”其实是浆果。

美国榆（*Ulmus americana*）下垂的翅果有着晶片般的形状和透明的绿色，非常引人注目。

（全世界是10万个），给它们数百万年的时间来完成，于是就有了今天我们见到的这些惊人的树木果实种类。

看到树木的果实时，需要考虑的问题包括：这看起来像什么呢？熟了吗？它如何传播？它的种子会在什么时候，什么条件下发芽？有些树木的果实在春季成熟（榆树、柳树），有些在夏季（樱桃、桑椹和一些槭树），大部分在秋季（栎树、欧洲七叶树、柿子、鹅掌楸）。树木的种子靠风、水、推力、重力、人和其他动物来传播。白桦和槭树的风车状种子质轻，可以乘风而行。弗吉尼亚金缕梅（*Hamamelis virginiana*）将它的子弹状种子弹射到空中。重力作用于所有的种子，使它们落地，但重力在较大的果实上发挥了真正的威力，比如橙桑的果实会像保龄球一样从坡上的树上滚落下来。柳树的种子经常乘风而行，然后顺水漂流，抵达最适合发芽的河岸。

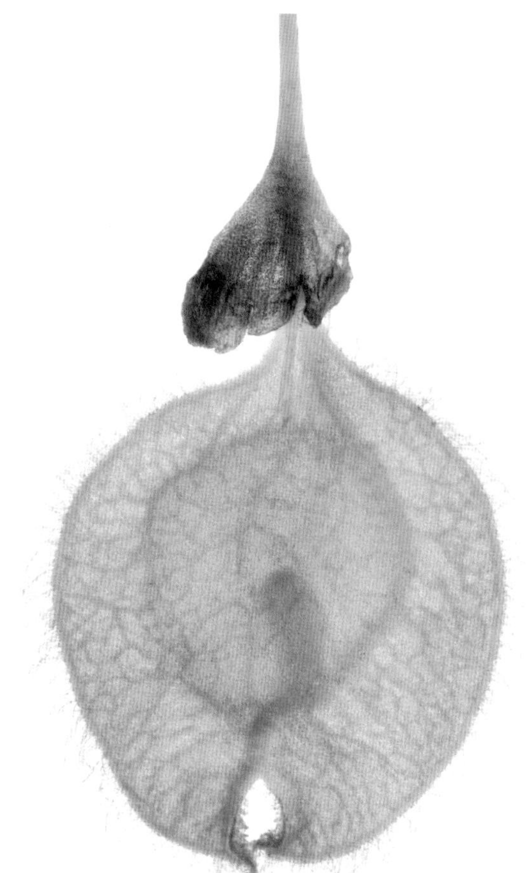

这个特写展示了美国榆（*Ulmus americana*）的翅果及果实边缘的细毛和上方的浅红色萼片。

动物传播树木种子的方式有些很明显，有些又不是那么明显。树木种子依附在哺乳动物的皮毛（包括人类的粗呢大衣）上传播；人们运送种子的方式是在一个地方收集或购买树木种子，然后将它们种在另一个地方；动物们运送种子的方式是在一个地方吃下树木的果实，然后在其他地方排泄种子（假设种子仍然能够发芽）。在某些情况下，经过鸟类或其他动物的消化系统之后，种子的活力反而提高了，因为这样有助于打破种子的休眠，通过机械磨损和化学分解，有时能去除果肉，有时能削薄种皮。

松鼠显然是树木种子的运送者，如果没能找回自己贮

右页上

山核桃的果肉藏在坚硬的外壳和四瓣的外皮里（其中的两瓣外皮已经除去了）。

右页下

板栗（*Castanea mollissima*）的坚果很光滑，外表却长满了尖刺。

藏在地下的坚果，它们就在无意间种下了一些树木。冠蓝鸦（*Cyanocitta cristata*）被称为“鸟类中的苹果佬约翰尼（Johnny Appleseed）①”，就是因为它在森林更新中的作用。在弗吉尼亚理工大学的一项研究中，研究员苏珊·达利-希尔（Susan Darley-Hill）和卡特·约翰逊（Carter Johnson）发现，冠蓝鸦的食道可以收缩，它一次可以吞下3颗白栎果，5颗沼生栎果，或者14颗水青冈果。在28天的时间里，50只冠蓝鸦（每只都带有识别足环）将15万颗栎果运到了其他地方。与松鼠不同，冠蓝鸦可以长距离运输栎果，有时超过两英里，然后在远离它们生境的野外将它们种下。类似弗吉尼亚理工大学的一些研究有助于解释栎果为何能如此迅速地回到在上一个冰川时代森林就已经消失的地方，同时也激励我们这些树木观察者多加关注鸟类及其他小动物的行为。

除了看到冠蓝鸦用食道运送十几颗水青冈果，我还想观察一种能打开板栗的动物。有一天，我和朋友在板栗树下见到几十个空壳，这些带刺的外壳是人类无法徒手对付的，但显然对松鼠或浣熊来说不是问题。“它们一定带了拳击手套！”我的朋友评论道。这些带刺的外壳——假设是为了震慑一些四肢行走的动物——只是树木为了防止种子被掠食而发展出的许多策略之一。让掠食者饱食则是另一个策略。这个术语涉及“丰年”，即树木，特别是栎树大量结果的年份。在这样的年份，树木出产的果实能够喂饱掠食者，还绰绰有余，从而保证一部分种子能够避开掠食。种子生产的荒年，通常紧接着丰年，则通过减少掠食者的数量来确保种子的存活。（食物不足会减少掠食者数量，因此接下来的几年里，附近靠种子为生的掠食者会减少。）

虽然亨利·大卫·梭罗能够做到通过长时间仔细地观察树木的果实

① 苹果佬约翰尼，典故出自美国建国初期的拓荒者约翰尼·查普曼（Johnny Chapman），他将苹果种子带到所到各处，并赠送给沿途的印第安人，并且与他们一起种植苹果，所以被称为苹果佬约翰尼。

来增加科学知识，我们大多数人还无法做到。但是，当我们把读过的东西与眼见的东西结合起来，我们就可以理解树木的果实为何会如此演化，并了解它们的一些生存策略。加倍仔细地观察树木的果实，无论出于什么目的，无论属于什么属性，都有纯粹的快乐。你看得越多，你观察到的就越多，这一点，无需去看稀有或外来的树木果实，也是成立的。为了证明这一观点，让我们来看看三种截然不同但同样值得研究的树木果实：枫香果球、栎果和橙桑。

我选择枫香果球，是因为它可能是最不受欢迎的树木果实。作为枫香树的产物，枫香果球以污损地面和人行道闻名，常常让人寸步难行。但从工程或艺术作品的角度来观察，它无疑是一种充满魅力的树木果实。我与枫香果球的接触，包括将数千个果球串成一个个花环（这是我从前工作的植物园的一种标志性节日饰品），看到它们顶冰戴雪（美妙的组合），以及在我的园艺生涯里，只要有枫香树存在，我就要不断地将它们耙进几十个花坛里，然后再耙出来。我见过挂在树梢上的绿色幼果，我大概知道它们成熟时会慢慢变黄，我见过它们在冬日天空下深褐色的轮廓，当它们完全成熟后落到地上，我注意到它们的木质尖刺下有许多空的小室。但直到我想要了解枫香果球的种子从何而来，以及如何与果实结构连结，我才真正开始仔细观察枫香果球。

若要让我凭记忆画一个枫香果球，我大概会画出一个像狼牙棒的东西——一个浑身长满尖刺的圆球。如果仔细观察，就会发现它的果实结构十分有趣：成熟的枫香果球上的每一根尖刺的尖端都是弯曲的，像钩针一样，而且成对出现，像张开的鸟喙，长在你认为是空的小室上面。枫香果球有20多个这样的种子小室（蒴果），每一个小室的顶部都有一对鸟喙状的尖刺，每室通常有（在种子随风而去前）两枚小小的有翅种子。我们在地上找到的所有枫香果球几乎都已经释放了种子，但有些还满是种子，有些则含有败育的种子，残余部分看起来像锯末。

如果你将一颗尚未释放种子的成熟枫香果球放在口袋里或厨房台面

上，果球会干燥、开裂，然后像盐罐一样从每个小室里撒出两枚种子（或种子末）来。种子约1/3英寸长，宽不及其一半，深褐色，一端有一个浅褐色的透明的翅。“如果你告诉人们这是昆虫的翅膀，他们也会相信的。”鲍勃曾经说道，而且他认为枫香果球长得像“外星来客”。它们的结构确实体现了神奇的工程构造。你也许不会把它们视作工艺品，但只要研究过枫香果球的结构，你就不会再漫不经心地把它们清理掉了。

与枫香果球相比，栎果得到的过度曝光更多。“见到一个，就等于见到了全部”是几乎所有人对栎果的态度，他们想到的标志性栎果形象便是一颗棕色的卵形坚果，上面还扣了一顶苏格兰便帽。但栎果的多样性远不止于此。树木观察者、收集者和生物记录者写道：集齐北美70种栎树的栎果，或者收集你所在的国家的每一种栎树的栎果，是一个很好的旅行目标，因为通过这样的收集，通常会发现这些树木果实在尺寸、

右页

红花槭（*Acer rubrum*）的树枝上垂着幼果（常被称为翅果）。

左页

虽然这颗红花槭翅果唯一的胚在种子里面，但这样细看时，整个结构（双翅果实的一半）也很像胚。

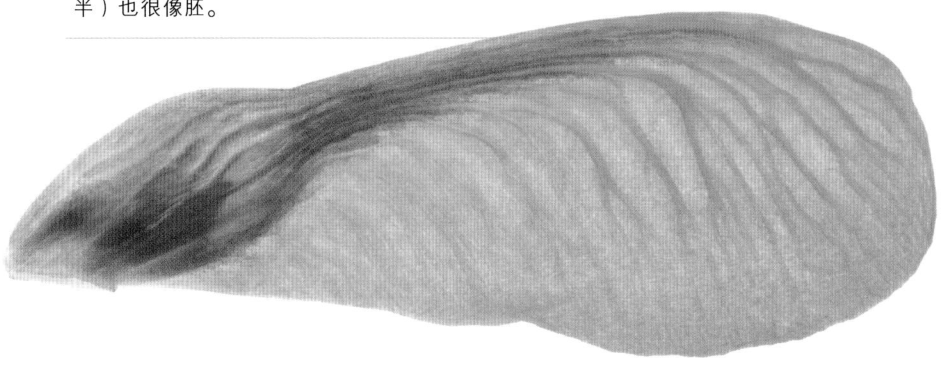

形状和样式上的多样性。

每年秋季，我都会接到家乡打来的电话，开头便问："在火车站附近，学院停车场旁边有……"不待他多说，我就知道答案是——麻栎（*Quercus acutissima*）。学院种了一排麻栎，为停车场遮阴。这种树硕大的栎果吸引了许多目光，不过也应当如此。麻栎果有一个多毛的壳斗，好像有人的手卡在了插座里，头发披下来的样子：弯曲的木质苞片沿着壳斗的表面展开。如果学院当初种下这些麻栎时能预料到这些树会引发多少疑问，一定会设立一个栎树咨询热线。不过我很喜欢接到这些电话，因为这让我知道这些树木还能带来小小的惊喜，在我的家乡，还有人愿意费尽周章调查这些有趣的栎果。

麻栎〔和大果栎（*Quercus macrocarpa*）的壳斗有着同样奇异的发式〕的栎果可能是最令人惊奇的，但其他栎果的设计也各有变化和魅力。即便在同一棵树上，栎果的尺寸和形状也各有不同，但每个栎树物种都有独特的栎果，总有一些容易察觉的不同之处。可能发生变化的有坚果的尺寸、色彩和质地；壳斗的形状、尺寸和质地（包括苞片的蓬松程度）；坚果被壳斗覆盖的比例，以及壳斗与坚果的结合方式；还有壳

斗顶端的梗的长度和体积等。此时，我的桌上有三颗各不相同的栎果。其中一颗是弗吉尼亚栎（*Quercus virginiana*）的栎果，非常小（1/2英寸），很精致，坚果瘦长，壳斗的各个部分都很小。要在一棵巨大的弗吉尼亚栎树下采集到这样一颗小栎果，需要保持头脑警醒，也需要你认识到，庞大的栎树竟然源自小小的栎果，而且某些最大的树正来自最小的栎果。〔柳叶栎（*Quercus phellos*）的栎果比较圆，但也同样很小——不足1/2英寸宽——当你在一棵巨大的老树下找到它，也会感受到同样的反差。〕

我桌上的另一颗栎果来自琴叶栎（*Quercus lyrata*）。这颗1英寸的栎果是我在弗吉尼亚的一块湿地里找到的，突起的壳斗几乎完全将下面的坚果覆盖了起来。通常你观察到的树上或地上的幼嫩栎果，许多也能将下面的坚果完全覆盖，但是较小，而且没有这颗坚果这样的“窥视孔”。我这颗成熟的琴叶栎果覆盖了坚果的3/4，只有一个直径约1/4英尺的圆孔可供人窥探坚果的内部。有趣的是，与大多数栎果不同，健康的琴叶栎果能在水中浮起来，以适应湿地和洼地的生活。

我桌上的第三颗栎果是一位朋友送给我的，是一种杂交栎树〔很可

北美枫香（*Liquidambar styraciflua*）的果球是我们熟悉的聚花果，它从雌花发育成成熟的果球（从左到右）约需7个月时间。

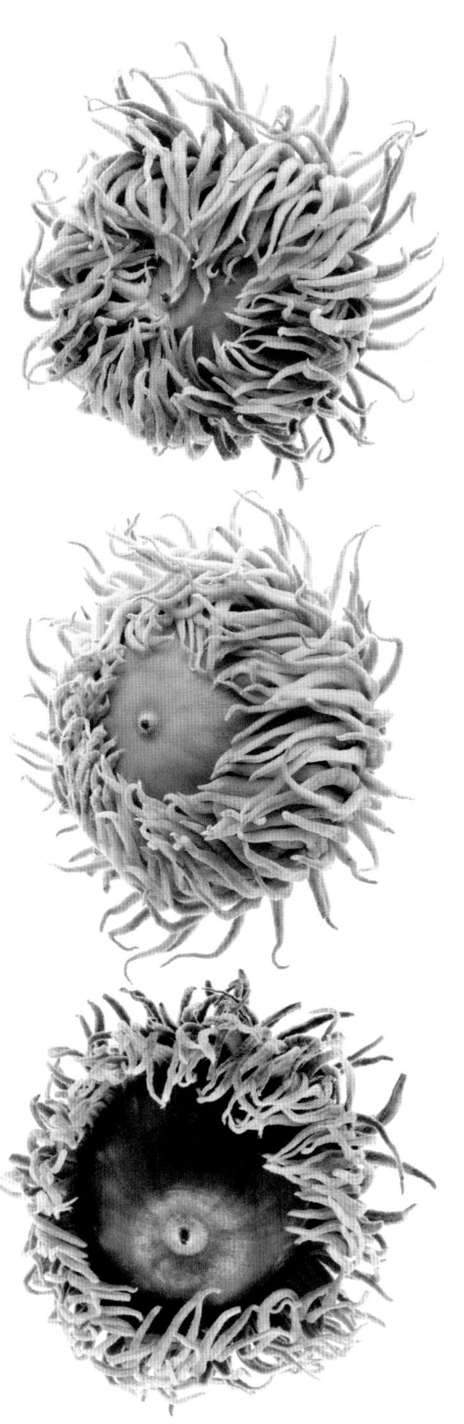

能是美国白栎和山栎（*Quercus montana*）杂交而来〕的样本。这是另一种大的栎果（约3/4英寸宽，1.5英寸高），坚果表面非常光滑，几乎像喷了漆一样，长梗，壳斗像一顶宽边的渔夫帽。因为这顶帽子的帽边向上卷起，看起来不像其他栎果顶的“贝雷帽”。事实上，我和我的朋友拜伦·卡敏（Byron Carmean）——我认识的最了解树木的人，从未见过哪种栎树（除了他用他最初找到的那棵杂交栎树繁殖的那些）长着这样的栎果。如果人们像孩子们交换卡片那样收集栎果，这颗栎果的身价会很高，我很抱歉让它干枯之后才把它种进土里。（我收到它的时候，它已经长出了根状的附属器官，即胚根。）

关于栎果还有一些值得观察的事情——它们需要多久才能成熟，以及在什么时间发芽。栎树分为两大类，白栎组〔包括美国白栎、星毛栎（*Quercus stellata*）、大果栎、栗栎（*Quercus montana*）、琴叶栎等〕和红栎组（北美红栎和南方红栎、黑栎（*Quercus velutina*）、弗吉尼亚栎、柳叶栎和沼生栎等）。白栎组的栎树叶子圆滑（叶缘圆钝，没有尖齿），栎果一年后成熟，

左页

不，这些不是外星生物。它们是麻栎（*Quercus acutissima*）尚未成熟的果实。

右页

南方红栎（*Quercus falcata*）的栎果单生或成对出现，壳斗较浅。

在秋季发芽——几乎在落地的一瞬间就会发芽（如果有人寄一颗栎果给你，它可能会在信封里就发芽了）。红栎组的栎树叶子有尖齿，栎果两年后成熟，在春季发芽。

第三种重点讲到的树木果实，没有谁能将它视若等闲。橙桑硕大的黄绿色果实是车见车载的万人迷——真不夸张。有些人喜欢拿橙桑当装饰品，一旦见到，不等你说出“那个长得像大脑一样的绿色球体是什么东西？”，他就已经猛踩刹车，从车里冲了出去。橙桑的直径为3–5英寸，散发着柑橘类的清香，它们的质地奇特，因此常被作为有趣的小物件，摆在篮子里做餐桌的装饰，同时也是路边和其他景观中的一道风景线。当你仔细观察橙桑树时，也要看看它的刺，这种树现在能在远离其原产地（阿肯色州、得克萨斯州和俄克拉荷马州的部分地区）的地方安家，这是其中一个原因。橙桑的适应性很强，它和它的硕大果实现在于美国的大部分地区都可见到。在19世纪，橙桑（*Maclura pomifera*）是美国种植最广泛的树种，尤其在中西部，由于其树身有刺，常被作为树篱

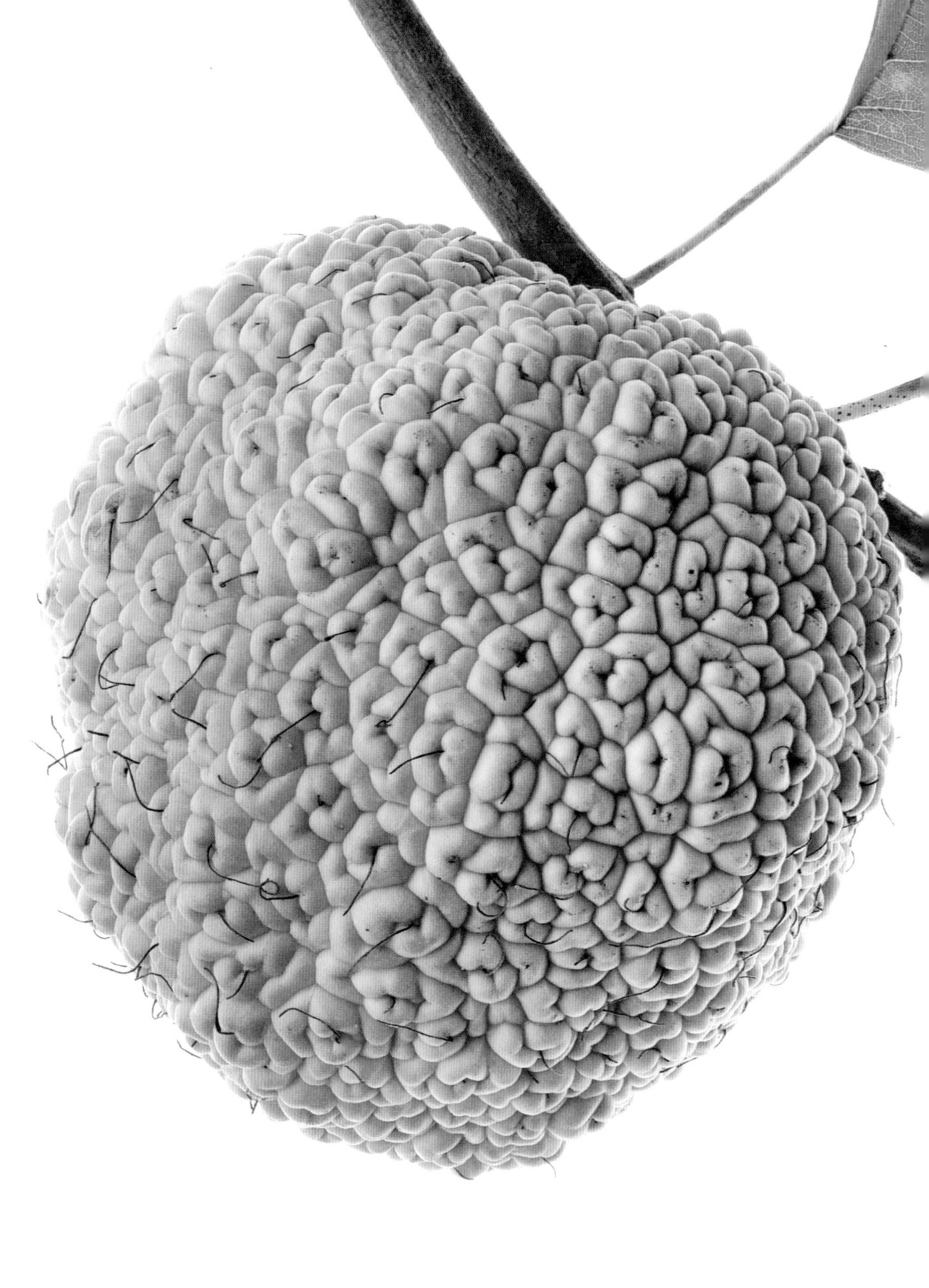

橙桑（*Maclura pomifera*）垒球大小的果实实际上是一个聚花果，坠落时有很大的冲击力。

种植。你可以将这种多刺的树木修剪成几乎无法突破的屏障。据植物历史学家彼得·哈奇（Peter Hatch）记载，仅1886年一年，美国就种下了6万英里的橙桑。铁丝网的发明驱散了人们对树篱的狂热，但这种树继续在野外繁衍，也因其树形和果实优美被人们作为园林树木种植。

20世纪90年代，我和我丈夫种了一些6英寸高的橙桑小苗，十年后，其中一棵就开始结果了。橙桑是雌雄异株，我猜结果的那棵是我们种下的唯一一棵雌树。观察橙桑那是一种多么美妙的享受啊！那棵树初次结果时只有15英尺高，仿佛柔弱得无法撑起那些沉重的绿色果球。更让人吃惊的是，几年后，我们的小树结出了几十个果子，这次天降横财之后，下一年却只结了不到十个果子。遇上歉收年，我就希望能够更加仔细地观察果实的发育过程。由于果实稀少，我拉了一位目光犀利的朋友加入进来，而她果然捕捉到了某种从未见过，甚至不知道有其存在的现象。她借助双筒望远镜找到了树上未成熟的果实，它们掩藏在绿叶之间，只有高尔夫球大小。她把双筒望远镜递给我的时候，我倒吸了一口气，因为每个绿色小球上，都覆满了僵硬的深色短毛，约2.5英寸长。看吧，外星来客！虽然我现在已经知道这些是什么（花柱，每一根都是从

左页

毛茸茸的柳树花序（在柳属植物的树枝上），芽鳞未掉落前就像帽子一样戴在花序上。

右页

显著的顶芽、侧芽、叶痕和皮孔都是辨认星毛栎（*Quercus stellata*）的线索。

这个聚花果上的独立子房上长出来的），我很高兴我当时不知道，因为这个发现让我欣喜。

同样，还要观察哪些动物吃橙桑，哪些不吃。虽然松鼠、鸟类和其他一些现代的动物愿意吃它们的种子，但大多数动物似乎有意避免食用这种果肉苦涩黏稠的硕大果实。我听说马和牛也吃橙桑（橙桑有时也叫“马苹果”），但我也听说马吃橙桑时会噎住。很明显，橙桑不适合现代动物的口味，而适合古老动物的口味。有些科学家提出假设，在最后一次冰川世纪（一万多年前）结束前，橙桑是长毛猛犸象、乳齿象、骆驼和大地懒等大型动物的日常食物——看看它的史前造型，这是很容易想象的。

苞芽与叶痕

大多数人想到苞芽，首先认为它是一种春天的现象，而且通常会联想到园艺花卉。但树木的苞芽是叶、花和枝条的最初形态，通常在夏季

形成，然后再长成春季里的模样，冬季是观察它们的最佳时间。

在夏季和秋季，树木的苞芽长到一定程度就停止生长，或者进行休眠，准备过冬。在这个阶段，它们被称为冬芽或休眠芽，让我们知道这棵光秃秃的树依然是有生命的，它只是在等待，它明年的叶片和花朵，已经写入了苞芽里。苞芽也是在冬季辨认树木的最佳方法之一，因为每个树木物种都有其独特的苞芽形态。

比如说，比较一下水青冈的顶芽和鹅掌楸、栎树和欧洲七叶树的顶芽——四种最容易通过休眠芽辨认的树木。（顶芽长在树枝的末端，是相对于长在树枝两旁的侧芽而言。）大叶水青冈的顶芽独一无二：形状像一支薄薄的矛，浅浅的棕黄色，外面覆盖着干燥的瓦状鳞片。它的先端极尖，每每让我想到它可以出现在《犯罪现场调查》剧集里，“蓄意杀人的植物学家将水青冈苞芽浸入毒药中”——之类的。除了外形独特之外，大叶水青冈的顶芽总是单生，与枝端簇生的顶芽完全不同，而且其他顶芽总显得短粗、苍老，而水青冈的顶芽则长得精致、狭长，轮廓分明。

欧洲七叶树的顶芽较大——大约是小夜灯的灯泡大小——鳞片（苞芽的保护层）包裹着黏稠的树脂，看起来像在糖浆里浸泡过。鹅掌楸的休眠芽（及其保护层）也相对较大，但生长迅速，柔软光滑，表面无瑕疵，呈绿色。（稍后会变成棕紫色。）包裹鹅掌楸苞芽的两片鳞片（变态的托叶）合在一起，从不同的角度看，既像祈祷时合拢的双手，又像鸭嘴。夏末，砍断过（砍断后又恢复生机）的鹅掌楸的休眠芽通常会很大，我曾经将它们撕开，里面有一片折叠起来的叶子，清晰可辨，与休眠芽里的其他组成部分紧紧地挤在一起。这片胚叶沿中脉对折——就像一张等待裁剪的情人卡那样从中间对折，虽然很小，但形状很明显。只要想象一下，在整个冬季里，这片小小的叶子都在这双合拢的手掌中静静地等待，你就不会再认为光秃秃的鹅掌楸毫无生气了。

树木苞芽的“包装”方式不尽相同，它们里面的内容（叶和梗、叶和花，或者仅有花），以及它们在树枝上的排列都各有不同。有些物种，像大花四照花，很容易区分花芽和叶芽（花芽像握紧的拳头），许多树木的花芽要比叶芽圆润一些。但是对大多数森林树木来说，在长出叶和花之前，叶芽和花芽的区别并不明显。比如说，我们无法通过观察来辨认栎树的哪些侧芽会开花。栎树只有侧芽（而非顶芽）能开花，但你需要耐心等待，才能看出其中哪些会开花。

苞芽和它们长出的叶子一样，以互生和对生（极少轮生）的方式排列在树枝两旁，这种排列方式可以帮助你在冬季没有叶子的情况下识别树木。槭树、白梣、大花四照花、毛泡桐、欧洲七叶树和光叶七叶树的叶子（和苞芽）均在梗上两两交叉（对生）。其他常见树木则多为互生。

不同树木物种的苞芽有不同的方式来防止脱水。有些树木的苞芽为裸芽（比如说，泡泡果和弗吉尼亚金缕梅的顶芽仅有最外层的防水叶片保护），但大多数树木的苞芽都有保护鳞覆盖在胚芽外面。鳞片的数量可以是一片，也可以是许多片。比如说，柳树只有一片帽状的鳞片覆盖在苞芽外面，心果山核桃（*Carya cordiformis*）（和鹅掌楸一样）有一对合拢但中部不重合的鳞片，大多数树木物种则有许多片相互重叠的鳞片，像瓦片一样以不同的方式排列着。

此外苞芽还有许多特征可以帮我们区分树木物种，一本好的野外手册或一个好的网站可以提醒你关注一些现象，比如美洲椴（*Tilia americana*）的不对称苞芽（鳞片不对称排列），黑栎的苞芽密被绒毛，刺槐的内嵌芽（埋在树枝的表皮之下），还有细齿桤木（*Alnus serrulata*）的有柄芽（长在一根短梗上，高出树枝表皮）。

叶痕的尺寸、形状和位置——前一年的树叶脱落的区域，通常位于苞芽下方——也根据树木物种而有所不同，同样有助于冬季的树木辨认，而且视觉上的变化也是一种享受。我喜欢把叶痕当做一种小小的家徽，因为许多叶痕都是盾形，而其中的标记可以为物种的身份提供线索。

常见树木中最容易见到的大概是臭椿硕大的心形叶痕。在臭椿（*Ailanthus altissima*）微微被毛的平滑表皮上，叶痕是突出的，像膝盖上的痂。其他叶痕的形状包括三角形、圆形、椭圆形、扇形、盾形、月牙形等等，每一种都指向特定的物种。叶痕与梗的关联（高于、嵌入或水平于树枝的表皮）、质地、数量，以及维管束痕的排列，也各不相同。

维管束痕？如果你不懂这个术语，那可应该学习一下，因为它不仅有用，而且令人痴迷。当你仔细观察一棵树，却没有见到它的维管束痕，就等于忽视了叶片与树已经断裂的联系（及其能量的进出和水的交换）。维管束痕出现在叶痕内部，是突出的小点，通常看起来像圆点或条状，它表明叶片的“管道”已经断裂。此处“管道”一词对我来说完全能够达意，但实际上我们讨论的是树木的维管组织，或者说脉络，通过它们，水和营养物质可以从树身输送到叶片里，叶片也能将食物输送给树身。每种树木有不同的“管道排列方式”，当你观察叶

左页

这根大叶水青冈（*Fagus grandifolia*）树枝上尖尖的休眠芽呈互生排列，十分明显。

右页

这三张图片（从左至右）展现了北美枫香（*Liquidambar styraciflua*）的顶芽及其下方的叶痕、欧洲七叶树（*Aesculus hippocastanum*）的黏性苞芽及其下方的叶痕，以及大花四照花（*Cornus florida*）的花芽。图片为实际尺寸。

痕里的维管束痕时，你看到的正是管道排列断裂的地方。

叶痕里维管束痕的数量、形状和排列方式也为树木的识别提供了额外的信息。根据物种不同，维管束痕的数量从1到30左右，它们可以无规则排列或按一定的顺序排列，比如排成一列，像个微笑的表情，又像马掌，或者排成一团，像插座孔和动物的爪印。博物学家鲁思·库利·凯特（Ruth Cooley Cater）曾建议人们在叶痕的维管束痕排列中寻找脸部图案。有一次她在叶痕里找到的脸部图案比我多，按她的指引，我也在黑胡桃的叶痕里找到了外星人E.T.的脸。黑胡桃的叶痕有点像压平的三叶草的形状，像E.T.的头，上面有三团小小的维管束痕，呈马掌形，看起来像两只眼睛和一张嘴。

不过，叶痕的象征意义和它们的外表也同样吸引我。当你看到叶痕及其伴生的维管束痕，你看到的是树木为了生存，舍弃一片叶子后留下的一个愈合点。因为在冬天，阳光少，对落叶树而言，叶子是一种负担

此处展示的是（从左至右）北美枫香（*Liquidambar styraciflua*）、多花蓝果树（*Nyssa sylvatica*）、欧洲七叶树（*Aesculus hippocastanum*）、臭椿（*Ailanthus altissima*）、大叶水青冈（*Fagus grandifolia*）、梣叶槭（*Acer negundo*）、红榆（*Ulmus rubra*）、南方红栎（*Quercus falcata*）、红花槭（*Acer rubrum*）、星毛栎（*Quercus stellata*）、银杏（*Ginkgo biloba*）、银白槭（*Acer saccharinum*）、北美鹅掌楸（*Liriodendron tulipifera*）和一球悬铃木（*Platanus occidentalis*）的细枝。

（如果留在树上，它会持续将水汽散发到大气中，却几乎不能制造养分），于是树木切断与叶子的联系，然后将资源用于维持休眠芽等其他部分的生存。我认为这一过程不仅明智、有效、干净利落，而且代表了关于生命的哲理——如何在面临压力的情况下，合理分配有限的资源，以求生存，并在日后活得更有成效。

树皮与树枝

我和我丈夫已经在这个镇上住了将近40年，但直到最近，我才带他去附近的一个大学校园看我最喜爱的一片刺槐林。我希望他帮助我描述这种树木的树皮颜色和形态，结果多少算是做到了。我得到的答案清楚地印证了我的观点：这些树木平常总被人们忽视，只有在5月开花时才能以其芬芳吸引人们的注意，但哪怕只是因为它们的树皮，它们也应当得到更高的地位。“这些树干很有趣。”我们观察过五棵树之后，约翰说

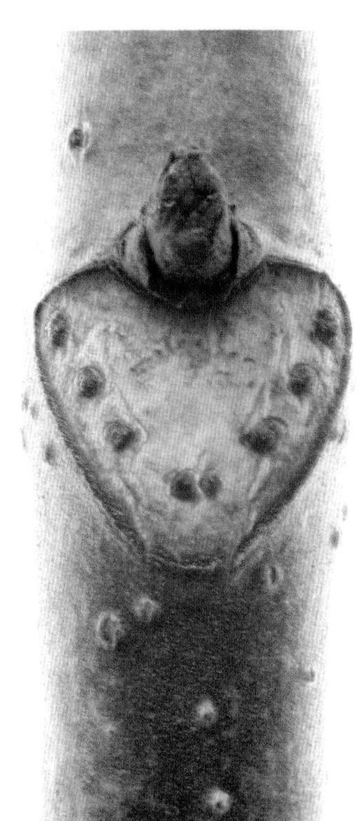

道。对于一个不爱夸大其辞的人来说，这已经是很高的评价了。

但我们发现，描述这种树的树皮比单纯欣赏要困难。我们选择的描述词语包括纵向条纹、深裂、尖齿状、崎岖不平、编织纹等。说到颜色，我们也没有更好的描述。我认为它的颜色

左页

（从左至右）美国白梣（*Fraxinus americana*）、欧洲七叶树（*Aesculus hippocastanum*）和北美枫香（*Liquidambar styraciflua*）的树枝展示了叶痕尺寸和形状，以及维管束痕数量和排列等辨识特征。

右页

臭椿（*Ailanthus altissima*）的叶痕和维管束痕（叶痕内）都很独特。树皮上的标志性皮孔（换气用的气孔）也很明显。

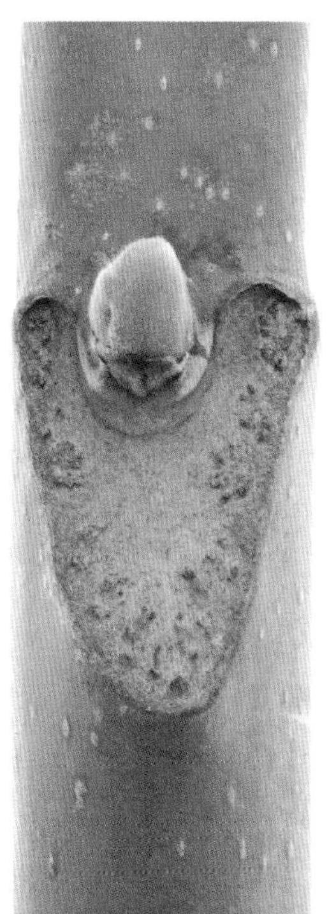

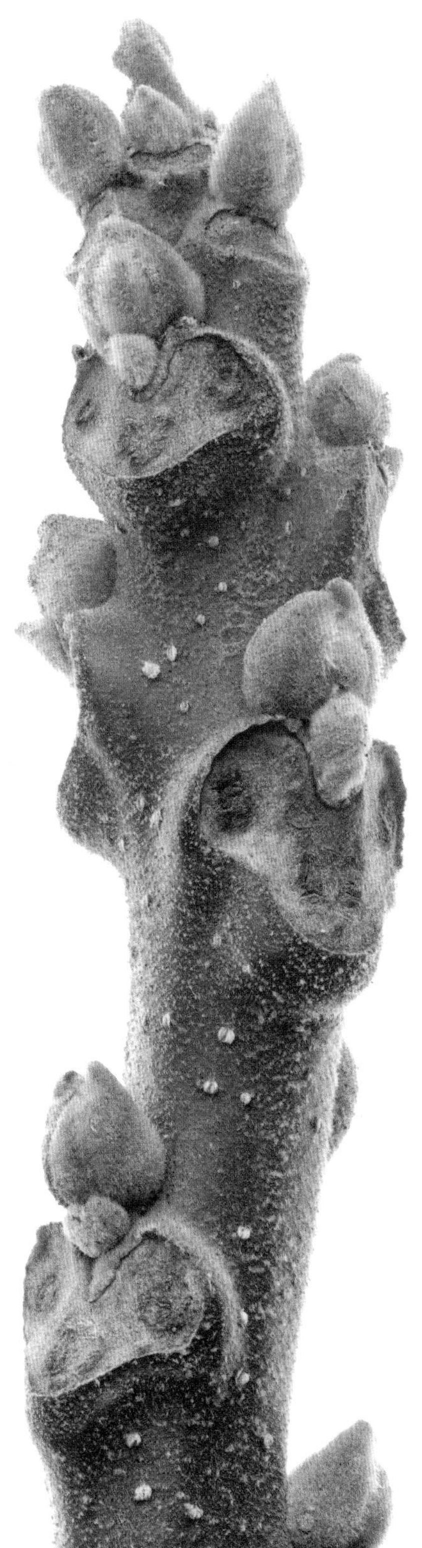

主要是灰褐色，或者灰色。约翰认为是乳褐色。那么树皮被刮掉的橙色区域呢？树皮的颜色不像墙的颜色，总是由许多颜色组成，因此描述起来如此困难。树龄、树皮的位置，甚至是个体的基因组成不同，树皮颜色和质地都会有所不同，因此在描述一个树木物种的树皮时，一个描述词无法应对所有的情况。弗吉尼亚州的树木专家拜伦·卡敏曾对我说，他也觉得树皮十分难以描述。在教他的学生辨认不同的树皮时，他说他经常找不到合适的词来描述他在野外能够轻易找出的差别。“我认为应该让他们去寻找的东西，是什么呢？”他经常在想，“我最终告诉他们，只要走出去，看的树够多，自己就能找到那些差别。”

不同的树木物种确实有其独特的颜色、质地和形态，其中有些特征是容易识别的。许多人都知道，树皮是树木内部活性部位的保护层。它有一些不为人所熟悉的功能，如防范寄生虫、防止水分流失、隔热等，以此增强树木的防火性能。幼树的树皮通常比较光滑（檫木的树皮可以长时间保持光滑、青绿）。一些物种，像水青冈和卡罗来纳鹅耳枥（*Carpinus caroliniana*），树皮可以始终保持光滑，但大多数树木的树皮会随着树龄的增加变得粗糙起来。

随着树木内部的生长，外皮会开始开裂或剥落，但不同物种的方式会有所不同。树皮剥落的树种包括黑桦（*Betula nigra*）、黄皮桦（*Betula alleghaniensis*）、悬铃木、紫薇、北美圆柏、北美香柏（*Thuja occidentalis*）和粗皮山核桃（*Carya ovata*）。更多的树种的树皮会以独特的方式开裂分离——开裂分离的程度可以作为树木辨识和树龄辨认的依据。值得关注的是树皮的裂纹和裂缝的形状和位置。是纵向沟纹、斜纹还是纵横交错？裂纹是长是短，是聚拢还是分散？它们将树皮的表皮分割为纵向隆起、不规则方块，还是长方形？树皮裂缝之间的隆起也有独特的形状和质地，或光滑或粗糙，或尖锐或平滑，或长或短。比如说，多花蓝果树（*Nyssa sylvatica*）长大后，树皮会慢慢变厚，很老的蓝果树的树皮裂缝可以达到2.5英寸深。我和朋友在谢南多厄国家公园见到一棵

特别老的蓝果树，朋友说：“这么深的裂缝，都可以在里面种玉米了。”

对树皮的描述不一定有帮助。我和我的孙辈们经过一棵美国白栎时，我试着跟他们描述树干下端的树皮，将它说成“鳄鱼皮状”，但我意识到我的描述毫无帮助。我以为鳄鱼能引起他们的注意，然后我想起他们从未见过鳄鱼或鳄鱼皮制品，对鳄鱼皮没有概念。“板状”是一个常常用来形容松树皮的术语，但如果唤起的是餐盘的形象，而非板块，也同样毫无作用。我在网上找到了对北美乔松较好的描述：“宽阔的略带紫色的不规则矩形板块突起”，但我不确定，一个不认识松树树皮的人是否能凭借这一描述认出松树来。

我们可能需要一套全新的语言，用当代

前页

老刺槐（*Robinia pseudoacacia*）厚厚的树皮上有深深的裂缝和相互交错的隆起。

左页

晚花稠李（*Prunus serotina*）的幼树树皮有明显的皮孔。

右页

卡罗来纳鹅耳枥（*Carpinus caroliniana*）也被称为“肌肉木”（Musclewood），因为它的枝干和树干非常有力。

的比附词语来向新一代博物学家描述树皮及其他树木特征，但更重要的是让人们走到门外去观察这些现象。对树木观察者来说，树皮和特有的树枝特征在冬季特别具有认知的意义，因为它们不仅能帮助你辨认落叶后的树木，而且能让你在天寒地冻的时候仍进一步了解树木。即便你发现你无法单单通过树皮、树枝结构或其他冬季特征辨认某种树木，你还可以把这些线索与其他特征综合起来——如后来长出的春叶——来感知它的形象或灵魂，总有一天，你无论在哪个季节，都能清楚无误地认出这种树。

我家附近有几十种树，如果只给我看它们的树皮，我一定无法辨认，但这并不会使我感到气馁，我认为身边还有许多值得学习的东西，这是件很好的事。

晚花稠李（*Prunus serotina*）

晚花稠李是一种杂树，在美国东部大部分地区都很常见，很容易通过幼树树皮辨认。晚花稠李幼树的树枝和树干颜色从光亮的橄榄绿到深棕红色，表皮有横向的裂缝，像破折号一样。这些浅棕色的裂缝是皮孔—外部的气体通过这些皮孔进入树木的内部组织。每当见到这些皮孔，都让我想到树木是会呼吸的，更让我深深感到树木是有生命的生物体。大多数树木都有皮孔，皮孔的形状、分布和尺寸各不相同，但是在一些有着光滑树皮的幼树上最为明显，如樱桃、桦木、梣叶槭等。（梣叶槭光滑的绿色树皮上长着突起的白色皮孔。）

成年的晚花稠李有着截然不同的树皮。颜色更深、更粗糙，而且开裂成鳞片状，边缘经常翘起，像薯片一样。

卡罗来纳鹅耳枥（*Carpinus caroliniana*）

卡罗来纳鹅耳枥的小枝和树干有着紧致、光滑的铁灰色树皮，看起来十分有力。这种有力的外表来自于纵向的隆起形成的凹槽形轮廓，这是卡罗来纳鹅耳枥所特有的。这种树可用于负重训练广告，其构造是如此坚硬、光滑、有力。然而，尽管它在美国东部地区都有分布，在一些湿滩也很常见，但很少被人们当做一种优良的小乔木。见多识广的景观设计师们把它们列为选择之一，在景观中十分漂亮，而且有着一种低调的美。一位亲戚曾邀我帮她决定，在她郊区的房子周围整理土地时，应该留下哪些树木。我发现有六棵成年的卡罗来纳鹅耳枥系上了可怕的黄色胶带，意味着“挪走这棵树”。我无法迅速撕掉这些胶带。要在冬季（此时我唯一能指出的优点只有这些树充满力量的木材和优美的树枝结构）让她相信这是个明智的决定实在很难，但我最终还是让她相信，这些生长缓慢的树木不仅是同类树木的一个古老的优秀代表，而且是本土树种，因此它的价值高于那些用来替换它的树木。就让这个事件成为一个警示故事，提醒在冬季里整理土地的人们：住手，除非没有叶子你也能认出你的那些树木。

一球悬铃木（*Platanus occidentalis*）

对于某些树木，树皮可能是最不明显的区别特征，但它却是一球悬铃木最突出的特点。通常只要看看树皮，你就能够识别悬铃木了。如果你看到一棵树的外层树皮有斑块，由棕色到绿色和灰色，小片脱落后露出光滑的几近白色的内树皮，你见到的就是一球悬铃木（或是与其关系密切的二球悬铃木）。你会发现颜色最白的树皮位于上部的枝干上，这些枝干高于其他树木，在冬日阳光的映照下，看起来像在四周树木之上

舞动的手臂。悬铃木通常种在河道旁，远处的河边如果有一排悬铃木，那一定是河岸，这种指引就像地图一样可靠。

黑桦（*Betula nigra*）

这是另一种很容易根据树皮辨认的树木，至少它的幼树是这样。黑桦的树皮呈宽卷状剥落，颜色从棕黄色和棕色到奶白色和浅橙色。由于剥落的树皮又大又厚，因此黑桦的树皮可以当作纸来使用——用美洲商陆的汁来书写最合适。像它的名字（River Birch）一样，它通常长在河道旁。因为它能适应污染和缺氧的土壤，所以景观设计者们喜欢把它种在停车场的空地上，通常为购物车围栏遮阴。（你找不到借口不教你的孩子们根据树皮辨认这种树——他们都不用下车就能看到！）与其他桦木相比，黑桦的分布地区更偏南，它不如新

前页

一球悬铃木（*Platanus occidentalis*）层叠的多彩树皮让树干有种迷彩的感觉。

右页

此处展示的是（从左至右）黑桦（*Betula nigra*）、北美柿（*Diospyros virginiana*）和北美圆柏（*Juniperus virginiana*）的树皮。

英格兰的纸桦（*Betula papyrifera*）那么华丽，但在我们这些无法种植纸桦的人眼里，它们也有着同样的吸引力。

和晚花稠李一样，黑桦的嫩枝也有肉眼可见的皮孔，不过黑桦的皮孔是纵向的，而不是横向。遗憾的是，老黑桦树的树皮不是卷曲的纸状，而是深裂的深褐色厚树皮，使成年的黑桦不像幼树那么容易根据树皮来识别。

北美柿（*Diospyros virginiana*）

我从谷仓出发，沿山而上，在一片小树林里，我第一次注意到北美柿与众不同的树皮，在认出它的那一刻，我很高兴。为什么？我不知道。也许就像在人声嘈杂的房间里找到了自己的朋友？北美柿的树皮

左页

大叶水青冈（*Fagus grandifolia*）薄薄的树皮常常勾起人强烈的书写愿望。

右页

北美枫香（*Liquidambar styraciflua*）的幼嫩树干和树枝有着木栓质带翅的树皮。

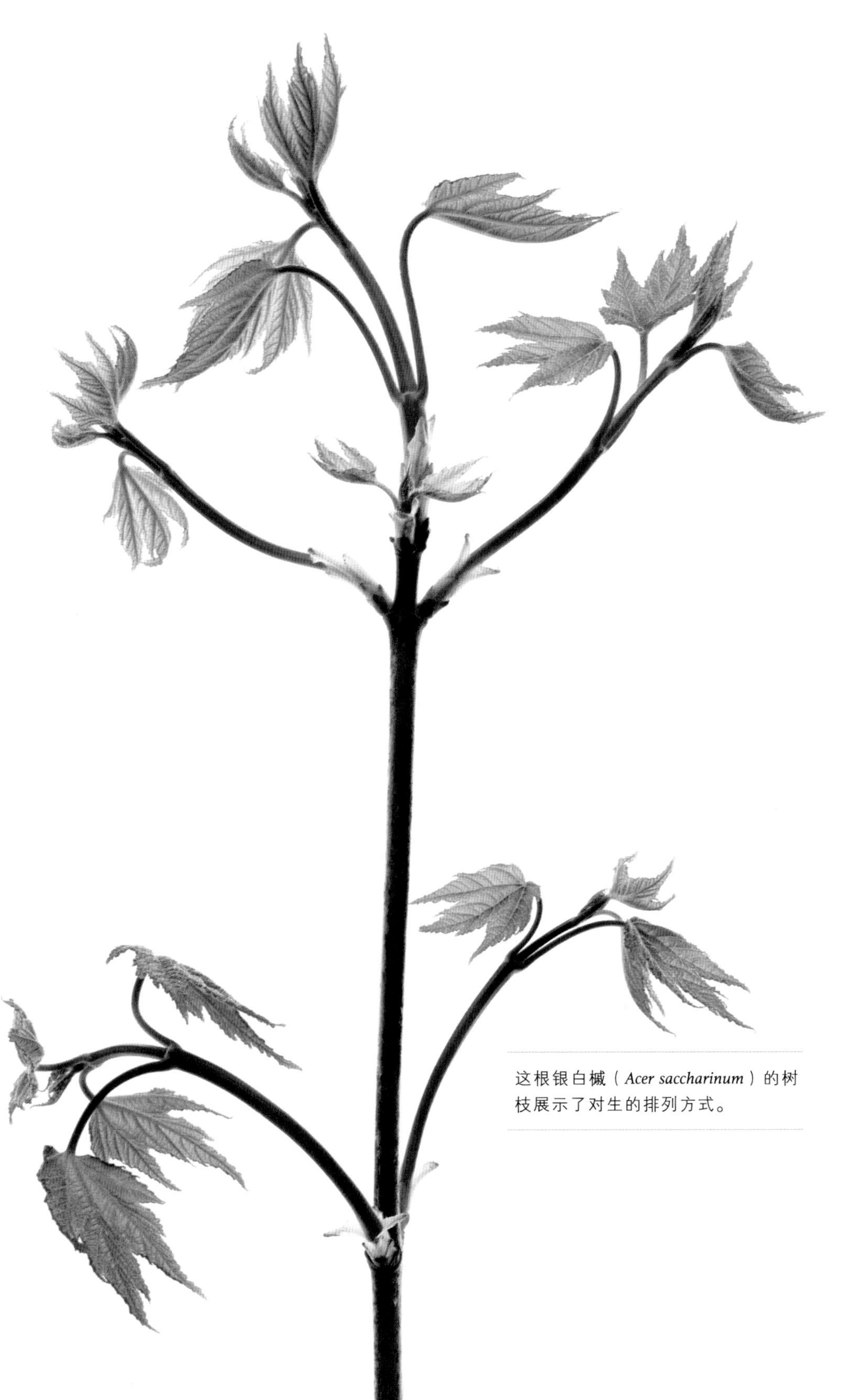

这根银白槭（*Acer saccharinum*）的树枝展示了对生的排列方式。

经常比周围其他树木的树皮颜色深（深灰色到褐色或黑色），而且裂成小方块，让我想到锅里已经切好的布朗尼逐渐冷却时彼此分离的样子。“方格状”常被用来形容北美柿的树皮。如果你仔细观察，你会注意到，在较老的柿树上，那些“布朗尼”之间的沟缝呈现出肉桂的红棕色。

北美圆柏（*Juniperus virginiana*）

在这种常见的常绿树木上，长条状的树皮呈深浅不一的灰色和褐色，看起来像是一个孩子用胶水粘在树干上的。“支离破碎”也很适合用来描述它的树皮，垂直条状脱落，表皮下往往是红棕色。一棵较老的北美圆柏刚进行过“修枝”（剪去较低的树枝），露出了支离破碎的树皮，看起来很美，而且似乎不同于那些在荒地里像杂草一样丛生的北美圆柏。如果只看树皮，唯一可能与北美圆柏混淆的就是那些真正的雪松，比如同样有着支离破碎树皮的北美香柏（*Thuja occidentalis*）。

大叶水青冈（*Fagus grandifolia*）

记者威尔·科休把水青冈的树皮描述成像“刚刚做完脱毛和按摩”的女人，他很好地抓住了水青冈树皮的本质。他在《树林之外：居家树木指南》（*Out of the Woods: The Armchair Guide to Trees*）一书中写道，水青冈就像一个锻炼之后好好享受了一把的女人，她甚至还可能打了点肉毒杆菌。

科休描写的是欧洲水青冈（*Fagus sylvatica*），但大叶水青冈也同样光滑，灰色的树皮紧紧地贴着酷似肌肉组织的木质部。虽然有时点缀着深色的斑点和斑条，但水青冈的树皮仍显示出特有的光滑和紧致。因为水青冈通常丛生（经常形成聚生群落），所以常常会产生树皮效果的叠加——近处、远处都有许多树皮光滑的树干——使它们的视觉冲击力成倍地增加。

你可以在北美东部许多地区的阔叶林里找到大叶水青冈，但在郊区并不多。原生的大叶水青冈也被称为“树木中的印第安人”，因为它不太适应“文明的”环境——那里的土壤通常紧实、缺乏活性。但在发达地区，还是残留着一些大叶水青冈，它们都值得我们关注。

其他易于根据树皮辨认的树木包括粗皮山核桃（*Carya ovata*）（成年树木有着长条状末端卷曲的树皮）、朴树（疣状树皮）、紫薇（树皮光滑，有时会剥落，留下色彩不一的斑块）和条纹槭（幼树的树皮有绿色和白色的竖条纹）。其他值得关注的树皮特点有：北美红栎（*Quercus rubra*）树皮隆起的中央那些光亮的浅灰色纵向线条（许多博物学家将其称为“滑雪道”），黑栎、大花四照花、蓝果树，有时还有美国白栎的“鳄鱼皮状”树皮，以及橙桑的橙褐色条纹。

树枝结构和枝干的样式也是值得注意的树木特征，特别是在冬季，没有树叶喧宾夺主的时候。像树叶一样，树枝也可以按互生、对生和轮生的方式排列。在一棵树上，如果树叶是对生的，那么树枝也是对生的；如果树叶是互生的，那么树枝也是互生的；如果树叶是轮生的，那么树枝也是轮生的。许多博物学家用“Damp Horse”来帮助记忆树叶和树枝对生的常见树木，其中“*Damp*”的四个字母分别代表大花四照花（*Dogwood*）、白梣（*Ash*）、槭树（*Maple*）和毛泡桐（*Paulownia*），“Horse”则代表欧洲七叶树（*Horsechestnut*）（以及和它关系密切的光叶七叶树）。其他树木绝大部分是树叶和树枝互生。

如果你是一个习惯通过叶序来识别野花的野花爱好者，你会发现树叶和树枝的排列让你无从着手。在我眼里，由于机械损伤，以及许多动物会破坏树木的苞芽，因此它们的排列不像草本植物那么明显，但偶尔当你抬头或低头观察树与树枝时，你也会看到，比如说，红花槭典型的对生树枝排列，然后你就会想，哦，终于看到你的真面目了。其他值得关注的树枝特点有：重量、质地、颜色和形态。有些树木物种的树枝粗壮，像欧洲七叶树和山核桃；其他的则轻薄而优雅，如水青冈和桦木。

臭椿的树枝十分粗大，称为树枝似乎名不副实；卡罗来纳鹅耳枥的树枝则薄如丝线。有些幼嫩的树枝上长有皮孔（突出于或平行于树皮），显得粗糙；有些树枝长着木栓质的翅状附属物，如翼枝长序榆（*Ulmus alata*）和枫香树。幼嫩的红花槭树枝呈红色，有些柳树呈黄色，梣叶槭呈绿色。如果用到另一种感官，我们还可以通过树枝特有的气味来识别一些树木物种。刮擦黄桦（*Betula lenta*）树枝的皮可以闻到冬青的香味，檫木有根啤[①]的香味，晚花稠李有扁桃仁的香味，臭椿有花生酱的香味。

① 根啤（root beer），又叫根汁汽水，一种以植物提取物制成的无醇饮料，盛行于美国。

TEN TREES

Intimate views

10种树木：细致观察

“大自然经得起最细致的观察。她让我们平视她最小的叶片，用昆虫的眼光来观察它的生长计划。”

——亨利·戴维·梭罗

北美鹅掌楸（*Liriodendron tulipifera*）的树叶。

在这一章，我和鲍勃介绍了10种最容易在住处附近找到的美丽树木。你也许也能在住处附近找到它们。最好的核查方法是查阅《北美森林生态学》（有网络版），基本上你可以在其中找到这里介绍的每一种树木的地理分布范围。在“硬木类”里找找大叶水青冈、一球悬铃木、黑胡桃、红花槭、荷花玉兰、北美鹅掌楸和美国白栎，在“针叶类”里找找北美圆柏和北美乔松。银杏虽然在美国大部分地区和世界其他地区都有栽培，但没有被《北美森林生态学》收录，因为它不是北美的本土树种，而且很少逸为野生。

在我们重点介绍的10种树木里，大部分都在美国东部大部分地区和加拿大部分地区有分布。其中有两种是例外，北美乔松主要分布在东北，荷花玉兰主要生长在东南部的沿海平原。《北美森林生态学》还可以告诉你，在哪些生境中最有可能发现这些树木。

即便在你生活的地方没有我们介绍的某种树木，还可能会有与其同属的物种（槭属、水青冈属、胡桃属、刺柏属、木兰属、松属、悬铃木属和栎属），而且同属植物有着许多相似的特征。在我们重点介绍的树木中，银杏是银杏属中唯一的物种，北美鹅掌楸所在的鹅掌楸属只有两个物种。即使你找不到我们介绍的某种树木的同属植物，我们对树木的介绍依然对你有用，因为我们描述的是一个发现的过程，这个过程适用于任何一种树，都能得到同样令人满意的结果。最后，观察树木取得的收获，并不完全取决于你观察的是哪种树木，更重要的是你如何去观察。所以凝神屏息，仔细观察，并且不断地重复观测，最终你会发现这些庞大的植物里隐藏的小小奇观。

大叶水青冈（*Fagus grandifolia*）

人们往往欣赏的是水青冈的宏观属性——光滑的树皮、粗壮的树干和层叠的枝干结构。但是吸引我去仔细观察水青冈的，却是一棵水青冈的幼苗的子叶和单片水青冈叶片的微观属性。当你决定细致地观察一种树木时，总会发现一些有趣的东西，但仔细观察水青冈的回报会特别多。

有一天，我告诉我的一位植物学家朋友，我正在四处寻找仍保留着子叶的水青冈幼苗，朋友说："人们不知道那是什么，还以为是兰花的叶子呢。"当时，我还从没在野外见过水青冈的子叶，只在书上见过，

但我决心要找到它们。是英国作家赫伯特·L. 埃德林（Herbert L. Edlin）的《树木、森林和人》（*Trees, Woods, and Man*）一书中的插图让我留意到这种不寻常的叶子的存在，那张插图描绘了16个树木物种的子叶。它们的多样性深深地吸引了我，因为它们大部分看起来不太熟悉，所以我觉得应该把这类树木现象加入到我的“想看”列表里。像其他植物的子叶一样，阔叶树的子叶——最先长出的两片叶子——与老叶的形状有着很大差异。有些子叶能在植株上停留半年，有些只能保持几周的时间，因此也加大了观察它们的难度。

在埃德林的书里的插图中，我最感兴趣的是水青冈。它的子叶像宽大的蝴蝶翅膀一样抓住叶梗，在上方的典型叶片下面，形成了一个平台式的结构。在一堂自然笔记课上，我还临摹了这张图，放在我的笔记里。我现在意识到，那次练习把这幅画深深地印在了我的脑海里。但是一年后，我唯恐会忽视树林里这些远远的水青冈树下冒出的幼苗，于是我找到另一位植物学家朋友，他说这些小苗每年总会从他花园里的护根材料里长出来，我让他一看到它们就告诉我。4月13日，克里斯·路德维希（Chris Ludwig）打电话给我，向我报告他看到了第一批水青冈的幼苗，我立刻赶了过去。果然，厚厚的一层护根材料（沿着一片水青冈林地的边缘）里确实有几棵水青冈的幼苗。每棵幼苗都有一对子叶与纤细的茎秆相连，上面是将要发育的典型树叶的苞芽。子叶的形状完全如埃德林的插图所示：叶子呈扇形，边缘圆滑，但在上方的苞芽下面，每对子叶共同组成一个接近正方形的平台（带圆角）。整体的外观和尺寸像是一片旱金莲的叶子，但叶片的颜色和质地十分与众不同。水青冈的子叶十分厚实，接近革质，与它薄薄的军绿色成熟叶片截然不同；子叶有着奶白色和浅黄色的条纹，让它们看起来很像花叶的旱金莲叶片，只是色彩更加柔和。

后来又过了一周左右，我才有机会在我自己的树林里再次寻找水青冈幼苗。我只有依靠从克里斯的幼苗上学到的关于色彩的线索，才能找到那些幼苗，因为我能找到的为数不多的幼苗，已经被第一对展开的成熟叶片遮挡住了。但是当你在这些典型的叶片之下看到那些独一无二的子叶时，是多么心满意足啊！试想一下，当你看到过熊崽之后，你对熊的了解会深入多少倍；这正是我找到这些水青冈幼苗时的感觉。

一周之后（5月1日），我和六名自然记录者一起散步时，我和我的朋友又找到了一些水青冈的幼苗〔有些博物学家揶揄地称之为“水青冈的儿子（sons of beeches）”〕。这些幼苗跟我之前发现的一样，仍然保留着它们的子叶，但是在这次散步期间，发现子叶的愉悦与一个更令人吃惊的发现相比，显得乏善可陈。当我们停下来观察一小块似乎富含树木脱落物——栎树的花序、水青冈坚果、水青冈苞芽鳞片等——的土地和苔藓时，有人发现了我们以前从未见过的东西。那是一棵非常幼嫩的水青冈幼苗，还顶着一个壳。我将壳拿掉，下面是尚未发育完全的肉质的东西——两片光滑的浅棕绿色叶片团在一起，像拳头一样。它们是早期的子叶。我试图挤压它们，让它们展开，但它们还没有准备好，依然蜷成一团“皱巴巴的绿色小团儿”，像艾伦·罗杰斯（Ellen

寻找带有子叶的水青冈幼苗并不像大海捞针那么难，但通常需要长时间的搜寻。

Rogers）（《树书》）描述的那样。

大叶水青冈（*Fagus grandifolia*）生长在北美洲东部的硬木森林里，北起加拿大南部，南至佛罗里达州北部和得克萨斯州东部。由于其根系较浅，不喜欢土壤翻动或挤压，因此不适宜在城市和市郊种植。如果你在这种环境中看到一棵大叶水青冈的大树，通常是在公园一类的场所，或者该地开发之前它就已经在这里发芽长大了。欧洲水青冈（*Fagus sylvatica*）更适应世界的其他地区（英伦三岛、欧洲大陆和西亚），是当地的本土物种，在美国通常作为观赏树木栽培。水青冈幼树是典型的林下树木，在其他树木

大叶水青冈的雄花和雌花通常隐藏在刚长出的叶片之间，经常被人忽视。在这根树枝上，雌花在这簇叶子靠近中央的位置；一簇长梗的雄花正在释放花粉，它们位于树枝的左侧，在图片中靠下的位置。

的树阴下发芽并慢慢成长，直到他们成为树林里的主力树种。它们可以在那里生长数百年，陪伴它们的往往只有其他水青冈。

我已经描述过水青冈的各种美，光洁的树皮、匕首似的苞芽，还有秋冬季叶片的绚丽多彩，但它的春叶、花朵和坚果也毫不逊色。比如说，如果要列举微小而常见的自然奇观，其中一定会有蜷缩的水青冈叶子，不仅因为它的各个阶段都那么精致，而且这是一个十分复杂的过程。首先是随着冬季慢慢过去，严寒开始松动，外层的芽鳞变得松散，休眠芽由匕首状变成羽毛状。然后鳞片散开，露出里面的叶子，你可以看到每片鳞片的边缘都有一圈柔毛，下面，新叶的背面长有光亮的白色绢毛。芽鳞是美丽的蜜糖色，一旦你学会辨认它们，你会发现它们不仅长在苞芽上，围绕着刚长出的叶子，还有许多落到了地上，如果是雨后，可能还连着几片成熟的叶子。有时，它们还会制造出一场“雨”。

东页

大叶水青冈的叶片打开的过程缓慢而优雅，有种芭蕾舞的感觉。

右

金色的芽鳞散开，露出大叶水青冈幼叶的第一抹绿色。

春季的一天（4月11日），我正在外面观察鹅掌楸，突然我听到身后有轻微的簌簌声，然后我意识到，那是水青冈芽鳞集体坠落的声音。那种声响听来不可思议，因为这些一英寸长的薄片似乎轻若无物，无法在坠落时发出声响，但它们确实做到了。

除了包裹水青冈幼叶的最外层鳞片，苞芽内部还有一些鳞片包裹着其中的叶子。随着叶片展开，叶片的末端常常会与鳞片的末端相连，使幼叶弯曲成逗号的形状。有些新叶会连续几天保持着边缘内卷的样子，形成美丽的纸卷形。由于叶片在展开前，像扇子一样沿着叶脉折叠在一起（与中脉约成30度角），因此会呈现瓦棱状。

观察水青冈叶子打开时，你可能也注意到有些顶芽在第一片叶子出现前长得很长（长约4英寸），而且从中能长出许多叶和梗。我不断地刷新着找到“一个月内长出最多叶片的嫩梗”的记录，我目前记录是嫩梗长度最长14英寸，单颗水青冈顶芽长出的叶片最多11片。其他水青冈苞芽长出的叶片较少，但不论数量多少，看着水青冈苞芽里长出梗和叶的经历都同样令人惊叹。罗杰斯的一句话揭示了其中的一部分原因：“你能清楚地看到，打开的苞芽里的那些叶子是早就长好的，经过一个冬天

左页

萌发的大叶水青冈叶片摆脱了金色芽鳞的束缚。

右

一圈浅黄色的芽鳞痕标明这根大叶水青冈的树枝进入了新一轮生长期。

左

大叶水青冈的雌花通常两朵为一簇，在直立的叶柄上开花。在这张图片里，花朵的棕色柱头从花序的顶部伸了出来。

右页

一簇大叶水青冈的雄花从树枝上垂下来。

的储藏，它们现在只需要慢慢长大。”罗杰斯还提醒我注意一件我可能忽视了的事：当水青冈的芽鳞脱落后，嫩芽的基部会留下一圈螺纹似的痕迹。（你可能需要用放大镜才能看到这些螺纹。）你会看到树枝上排列着许多这样的圈痕，它们代表着每一年生长的开始。你还可以数一数这些圈痕，算出这根树枝的年龄。

在观察水青冈嫩叶时，还有另外两件值得注意的事。首先，如果你无法经常观察水青冈，在户外目睹叶片展开的过程，你可以考虑带一根树枝回去。除非你能想办法让树枝保持水平（试试把树枝放在装满水的鲜花保鲜管里），否则叶片长出来的姿态可能会与户外观察的结果不同，不过长叶过程中的神奇变化同样精彩。其次，请注意，你可以通过摇动树枝来加速水青冈叶片的萌发。有一次，在林地里散步时，我看到有人在徒手折一根水青冈的树枝，他的动作让一颗正在发芽的冬芽摇晃了起来，然后苞芽张口了，里面的叶片清晰可见。（我不知道风是否也会起到同样的作用。）此外，还是那一天，我看见一个朋友举着一根陈年的水青冈树枝走上山来，树枝上还挂着泛黄的老叶。这幅图景和那天

左页

未成熟的大叶水青冈果，包裹在带刺的壳中，在一对矛状的冬芽下慢慢发育。

右页

水青冈果四室的壳经常在霜冻后裂开，释放出其中成熟的坚果。

采集到的其他东西一起拼成了一幅关于早春的拼贴画——这是一个过渡性的季节，点缀着蓝花耳草、嫩蕨菜、水青冈老叶，还有鼓胀的休眠芽，稍微摇晃一下，叶子就出来了。

当水青冈新叶萌发时，也要留意观察它的花。由于水青冈的花颜色浅，个头小，而且经常隐藏在叶片之间，因此许多作家说它们“难得一见”。我第一年就没有找到，为了描述它们，我只好“借用”了附近一位好心的陌生人（与水青冈有关的植物学家）的部分描述。（我们在麦当劳的停车场交割，整个过程像贩毒。我说：“我开一辆斯巴鲁，上面贴着‘狂热树木爱好者’的贴纸。”他说：“我开白色的丰田RAV4，后排放着水青冈的枝干。”）当你见过水青冈的花如何在叶间隐藏之后，你会比较容易发现它们，而且在叶子完全萌发之前，也比较容易发现。水青冈雌雄同株，但雄花和雌花分别着生。雄花形成下垂的毛茸茸的小

球，直径约3/4英寸，然后会释放花粉、散开、脱落。成熟后，它们的颜色从黄绿色变成丝瓜络的浅棕色。雌花也是黄绿色的小球，但比雄花花簇小，长在直立、短小的花梗上。每个雌花球通常有两朵花，成熟后，可以看到红棕色的柱头从小球顶部伸出来，小球覆盖着毛茸茸的附属物，这些突起让人想到坚果带刺的外皮，而事实上，下面的杯形结构将变成我们熟悉的水青冈刺果。

小小的刺果内部有两个（也有时一个或三个）光亮的三角形坚果，我认为它是自然界最精致的产物之一。“珍贵”这个词的所有含义——包括有价值、精致、可爱，甚至袖珍——都适用于它。这些1/2英寸的刺果确实可爱，内部的坚果长着精心打磨过的外皮，呈瘦长的金字塔形，精致极了。它们在秋季（我住的地方是9月到11月之间）成熟，通常在霜冻后裂开，撒出其中的坚果。丰年——种子作物丰收的年份——每两三年出现一次，据说是由于前一年或前几年的夏季养分储备高于平均水平的缘故。丰年之后通常是荒年，因为树木已经将储备耗尽。水青冈果甜美而富含营养，是许多野生动物喜爱的食物。

从前，人们按照一块林地所能饲养的猪的头数来评估其价值，由于猪很迷恋水青冈果，因此水青冈树林是特别有价值的物业。如果现在还是这种情况——按照林地所能饲养的野生或家养动物的数量来评估其价值——我想我们的森林会更健康，我们也会更加关注坚果产量的丰年和荒年。

一球悬铃木（*Platanus occidentalis*）

7月10日，巴洛溪畔。大片的悬铃木树皮覆盖在岩石上，悬挂在泡泡果上，漂浮在水面上。许多树皮的长度超过1.5英尺，中央有一些长椭圆形的孔。有些树皮沉入水下，它们贴住岩石的样子，让我想到了“剪刀、石头、布”中的“布包石头”。我告诉5岁的孙女格蕾丝，这片树皮本来长在附近的树上，长着长着就掉下来了。她显得无动于衷，可能甚至有点失望。她本来还以为那是河狸的皮。

啊，悬铃木的类动物属性。悬铃木的外树皮剥落时，确实像某种皮（不过相比河狸的皮，更像是人类的皮），而光滑的内树皮则更像人类的表皮。几百年来，诗人们总是把树枝比作人的手臂，当悬铃木的浅色树枝向天空伸展时，我们不由得想象成人们举起双手表示赞美。

悬铃木是一个极好的观察对象。这种树很常见，不仅限于它喜欢生长的农村河岸地区。本土的一球悬铃木（*Platanus occidentalis*）几乎在美国东部的每一个州都有分布，它的栽培种亲戚二球悬铃木（*P.×acerifolia*）是美国许多人口密集城区（包括纽约、华盛顿特区、波士顿）和欧洲许多城市的标配。是的，这种树喜欢河边或溪畔，但是如果在一幢布鲁克林的褐砂石建筑旁边，它也能在人行道的空处生存。

这种树比美术馆更具有视觉观赏性，我最喜爱的两个现象虽然明显，却很少能见到。一个是悬铃木的叶柄与树枝连接的方式。悬铃木叶柄的基部膨大，与树枝相连，像熄烛器的小罩。在叶柄与树枝相连的地方，将它下方尖尖的大苞芽完全包围（想象一下熄烛器将火焰包围的景象）。只要叶柄和树枝的连接处开始松动，你就可以将叶片拔掉，然后就能看到叶痕围绕着苞芽刻下的一个完美的圆环，以及叶柄底部与苞芽完全贴合的凹孔。这样的构造令人惊叹，同时也是悬铃木的一个识别特征。

悬铃木另一个有趣的特点是托叶。托叶是叶柄两侧的叶状附属物。大多数树种的托叶并不起眼，但也有一些颇具装饰性。你可以在第35页和第219页看到北美鹅掌楸从叶柄处向后卷曲的较大托叶。一球悬铃木的托叶常融合成1-2英寸的短管，顶端是衣领状的附属物。（二球悬铃木的托叶仅有管状部分。）一球悬铃木的托叶顶端尺寸较大，边缘有深锯齿，有着衣领似的形状，这些特征使它看起来像小精灵的衣服的某个部分。

托叶干枯后会变成棕色。由于托叶先于叶子变干，因此会与叶子稍稍分离，你可以将它沿着叶梗上下拖动，像拨弄一颗串在绳上的珠子一样。如是几次，你就会发现悬铃木的叶梗有一个不太讨人喜欢的特征。悬铃木的树枝和树叶上都长有奶油色的绒毛，风一吹（或者被你刮擦时）就会脱落，这种毛茸茸的绒毛会让你咳嗽或打喷嚏。我第一次亲身经历这个问题是在一年的6月，弗吉尼亚州的詹姆斯河。当时空气里偶尔

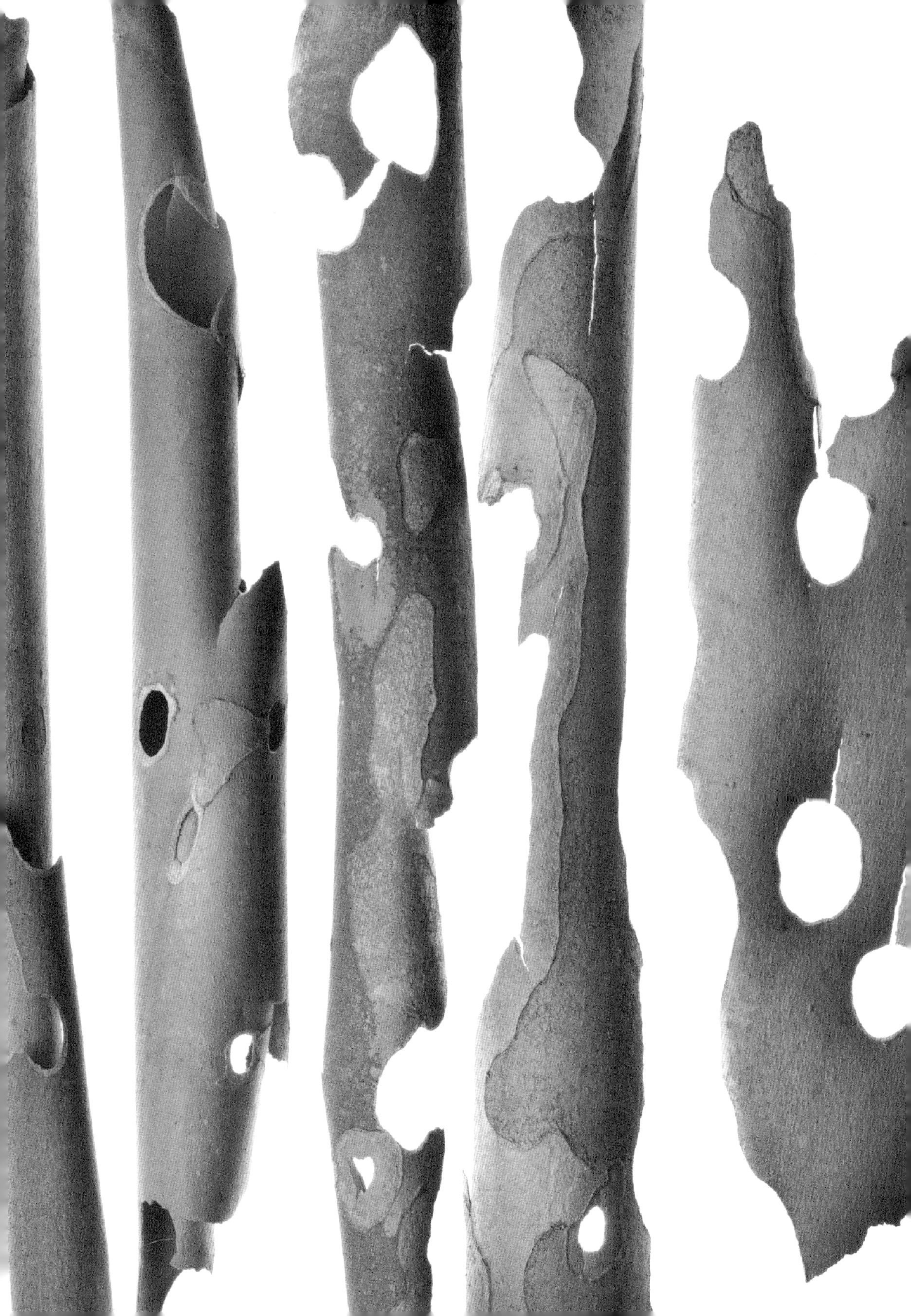

会飘着悬铃木的绒毛，许多人都出现了由绒毛引起的轻度呼吸问题。这些悬铃木种子上的绒毛也会对一些人的肺部造成刺激。

悬铃木还有一些比较容易观察到的特征，包括它的花和果。悬铃木的果为黄褐色到棕色，直径约1英寸，很容易看到，特别是在晚秋和初冬时节，树叶落光的时候。它们像圣诞节装饰一样悬挂在长长的花梗上，偶尔还能看到美洲金翅雀在啄食它们。一棵挂满果实的悬铃木为小鸟提供了丰富的食物。你可以通过悬铃木的果球来区分一球悬铃木和二球悬铃木。通常一球悬铃木每根花梗上只挂一个果球，而二球悬铃木的每根花梗上挂两个果球。有一次，我从我的教女位于曼哈顿的房子的窗口望出去，我能确认她看到的是二球悬铃木，而不是一球悬铃木，因为果球是成对下垂的，此时我感到自己就像一个了不起的博物学家。但是，不要用这种区别来打赌，因为有时候一球悬铃木也会有成对出现的果实，而二球悬铃木也会有单个或三个出现的果实，虽然比较少见。不过在城

前页

脱落的一球悬铃木树皮经常聚集在树下和河边、溪边，它们会慢慢干燥，然后卷曲成各种奇异的形状。

左页

把一球悬铃木与它覆盖的苞芽分离，你就能看到它的凹孔了。

右页

这个特写显示了一球悬铃木叶梗和叶片上的绒毛。也能看到衣领状的融合托叶和新叶正在从右侧的叶梗上萌发出来。

市里，猜二球悬铃木的胜算会很大，因为它特别能够抵御污染和炭疽病（一球悬铃木会感染这种真菌），因此经常作为城市行道树种植。不过，在我的家乡，一球悬铃木也是一种行道树。

悬铃木的果球值得仔细观察。凑近观察，你会发现这些果球实际上是由许多毛茸茸的种子（瘦果）聚合而成，当果球被风吹开，或者被你用手掰开，释放出种子，你会发现它们曾经如何紧密地挤压在一起——一颗果球约有800枚种子。在鲍勃拍下特写照片之前，我从没注意到每一枚种子的形状是如此精致。他的照片（和细致观察）显示，每一枚2/3英寸长的种子的中央有一根“杆子”，由较大的基部一端逐渐变细，直至尖狭的顶端。顶端覆满绒毛，呈半闭合的伞骨状排列。一旦你对悬铃木的种子有了充分的认识，你就会发现它们无处不在，不仅散落在排水沟里，而且漂浮在早春的空气里，像降落伞一样滑翔，常常被蜘蛛网钩住。早春时节，我在清理室外长椅下的蜘蛛网时，欣喜地确定了这些种子的身份。从此我所见的不再是“被蜘蛛网困住的不明绒毛”，而是

一球悬铃木的果球从冬枝上垂下来。

右页

在这个特写中，一枚悬铃木的种子（瘦果）周围有许多细微的绒毛，这些绒毛可以帮助它随风飞行。

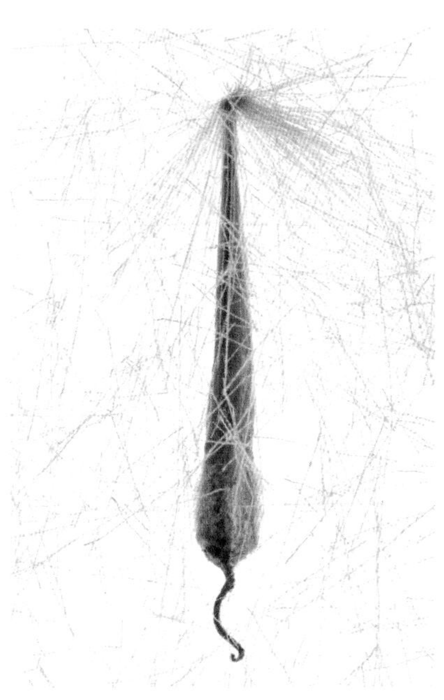

“被拦住去路的悬铃木种子”，于是我拿着抹布抖落“灰尘”之处也有了非凡的意义。

悬铃木的花梗和球状花托也很有趣。花梗的外观不起眼，但外皮脱落后，你就会看到，实际上外皮里包裹着许多丝状结构——远比你想象的要复杂。种子脱落后，悬铃木果球中央的花托看起来像一个微型的月球表面，圆形表面上布满了微小的陨石坑。鲍勃说，在种子散播一年后的冬天，他的网球场上到处散落着这些悬铃木的残留物，在布满这些小球的地面上打网球时，特别是它们被泥土包住后，感觉就像踩在滚珠轴承上一样。

然后，到4月中旬开始的时候，你会想看一看新长出的悬铃木

前页

一球悬铃木的果球由密集的瘦果构成，通常留在树上过冬，直到次年春季才开裂，并散播种子。

右页

种子散播后，悬铃木果球的花托看起来像微型的月球表面。当花梗的外皮剥落后，其中许多线状的结构就会显露出来。

果球。悬铃木雌雄同株，但雄花和雌花分别长在不同的球状花簇中。当雌花球长到小弹珠或大豌豆大小时，你可以通过伸出的酒红色柱头认出它。悬铃木的雄花球与雌花球差不多大，质地像高尔夫球，颜色为艳绿色，后期会覆满黄色的花粉。它们都在肥厚的新叶展开或长到正常叶片1/4大小时出现。在散播花粉之后，悬铃木的雄花球会脱落，但雌花球会留在树上，产生种子并散播出去，然后仅剩一个有坑洞的花托。花托通常在冬季掉落，但有时陈旧而多毛的花托会一直挂到来年新花球长出的时候。

对于随意的观察者，更容易观察到的是悬铃木广为人知的一个特征——树皮，不过从一个新的角度来看，树皮也同样有趣。人们常用“片状剥落”来形容悬铃木的树皮，它成片剥落，给树木造成斑驳的外观，就像军队的迷彩，因为树皮的内层和外层颜色有着明显的差异（见

左页

在这根树枝上，一球悬铃木的雄花出现在左下方（浅绿色的球），雌花位于右上方（浅红色的球）。

右页

在这张一球悬铃木雌花的特写照片中，可以清楚地看到浅红色的花柱正在接收花粉。

第129页）。如果想看到悬铃木树皮的细节，最佳方式是把它画下来。我曾尝试在一篇日记中画一幅悬铃木树皮的水彩画，然后我马上发现，树皮里的棕色并不多，反而是以绿色、灰色，甚至暗黄色和白色为主。在某些天气和光线条件下，老悬铃木上部的枝干和部分下部树干呈现出近乎纯白的颜色，其中有一些特别明亮，仿佛在发光。

很少有什么树木能像河岸边一字排开的一球悬铃木那样炫目。当它们的叶子落光后，白色的树冠预示着“水！水！这儿有水！”你确实只需要找到悬铃木近乎白色的树干和树冠，就能辨认出河水和溪流的路径。我曾经不止一次在远远地望见悬铃木的树冠时，有一种找到指路工具的感觉，因为我知道我正朝着河走过去。比如说，在去弗吉尼亚州韦恩斯伯勒的路上，你会先看到谢南多厄河边的一排悬铃木的树冠，然后再过很久才能看到桥。在有些地方，弗吉尼亚州的詹姆斯河畔的悬铃木也能像地图一样指引你找到河岸。

许多人认为悬铃木在冬季显得更加光亮洁白，事实是否如此呢？当树叶落光后，树干和枝干变得更加明显，树木当然会看起来更白。冬季

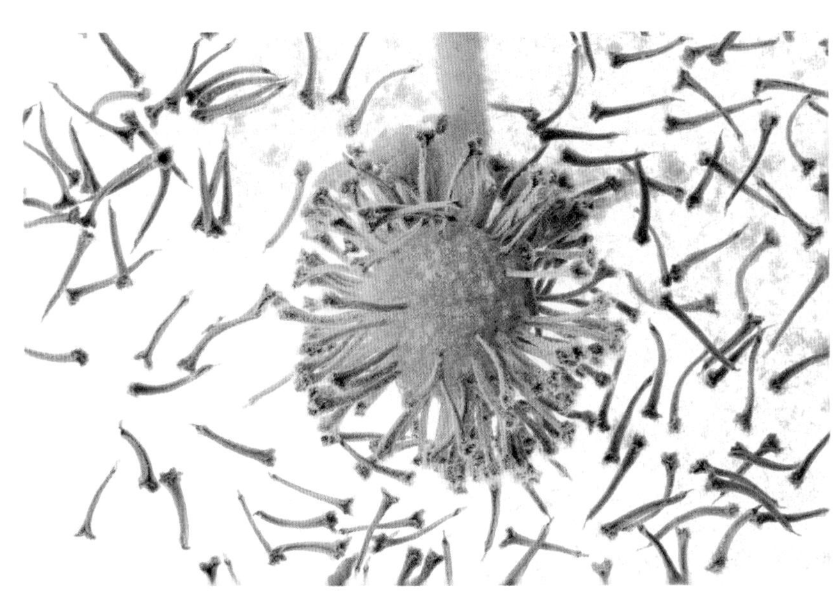

光线的光质和角度也会使它们显得更加明亮。一位植物学家告诉我，悬铃木的树皮组织在冬季可能不再生成叶绿素，使得树皮中的绿色减退，白色更明显。悬铃木的树皮跟颤杨和水青冈的树皮一样，含有叶绿素，但据我所知，还没有人真正测量过悬铃木树皮在不同季节的白色程度，也没有人对这种颜色的差别（如果存在的话）作出过明确的解释。

我曾经在弗吉尼亚州四处寻找一棵“最美”的悬铃木，因此具备了一些悬铃木鉴赏家的特质。除了找到几十棵有着奇异树皮色彩的悬铃木以外，我还找到一些树具有“融合”的特征。悬铃木薄薄的树皮看起来似乎与树干融合在了一起。还有一些非常老的悬铃木，它们的树干已经与树木露出地面的根融为一体，而这些根又与大地融为一体。在一棵著名的悬铃木的根部，它的纪念铭牌几乎已经被流体状的木质部分完全包住了。

在追踪悬铃木的过程中，你很快就会发现，它们可以长得非常高大。一球悬铃

左页

一球悬铃木的雄花在释放完花粉后坠落。

右页

秋季，一球悬铃木的树叶呈现出金色和棕色。

木生长迅速——在适宜的环境中，一年可以长高2英尺——而通常中空的树干可以长到惊人的尺寸。在写这本书时，美国最大的一球悬铃木位于俄亥俄州，它高达122英尺，胸径超过35英尺。我从未见过那么大的悬铃木，但我见过中空的悬铃木，其中有一棵就在弗吉尼亚州，离我家不到两英里的地方，它的树身可以容纳一个成年人在其中舒适地睡觉。据说在18世纪60年代，一对普林格尔（Pringle）兄弟在脱离英国军队后，曾在如今的西弗吉尼亚的一棵中空悬铃木里生活了三年。

我还见过树身严重倾斜，似乎违反了重力原理的悬铃木，也见过树根严重暴露、虬结，并紧紧抓住河岸的悬铃木，看起来像是在练习某种高难度的瑜伽动作。我最喜爱的一棵悬铃木是我和我丈夫十年前从詹姆斯河岸移栽到我们谷仓旁的水沟边的。我们需要在路边种一棵树，而水沟边的位置似乎也非常适合喜水的悬铃木。我们移栽的时候，这棵幼苗约2英尺高，现在已经长到20英尺了。我一直拿它跟谷仓的脊线对照，观察它的生长进度，我惊奇地发现它竟长得如此之快。不过，并不是必须住在弗吉尼亚州乡下，才能见证一棵悬铃木的成长。我的教女可以在她住的曼哈顿公寓前观察二球悬铃木的生长：看它的树干如何填满人行道上的供它容身的那个小缝隙；它的高度与路对面的建筑的屋顶相比如何；在恶劣的城市条件下，它不会像在乡村的一球悬铃木一样生长迅速，但它会慢慢长大，并成为附近各种变化的一个参照物。

在我的有生之年，我移植的悬铃木不可能长到可供我在其中生活的程度，但精神上，我已经居住在其中，并参照我自己的成长和变化来衡量它的生长和变化。当你逐渐衰老的时候，能够看到一棵你手植的树正当盛年，是一件多么美好的事！这棵悬铃木已经具有奇特的树皮、雄伟的姿态，并像我希望的那样，成为了路边的一个威严的身影，我不知道大家是否还记得它出现之前的日子。除非飓风来袭，或者重型设备操作员鲁莽行事，或者发生其他自然灾害，我们的悬铃木可能不仅会比我和约翰活得更长，甚至可能比这条路更长，因为像许多乡村公路一样，它每年都在逐渐改变它的走向。如果是这样，可能有一天，我们的悬铃木会像现在的谷仓一样，成为这片土地的主导，到时没有人会知道，它当初并不是在它生长的地方生根发芽，那时人们只会说，它是一棵美丽的老悬铃木。它也许只是一棵隐藏着秘密的美丽树木，为此，我更加珍视它。

黑胡桃（*Juglans nigra*）

“要不是因为‘坚果巫师’（一种坚果收集工具），我们就不住这儿了。”有一天，一位朋友这样对我说。然后，她自豪地向我展示了那个神奇的装置，是它让她和她丈夫继续与一片落满胡桃的草坪为邻。“坚果巫师”是一种设计精良的设备，有点像一个西瓜大小的手工打蛋器与手推式割草机的结合，当你推着它在地上滚动时，它会奇迹般地把胡桃拣起来。装满之后，你可以在小桶上方打开铁丝笼，倒出胡桃，然后可以像我朋友一样，把它们填埋起来。

这是我的大多数邻居对待胡桃的态度。他们将其视为残渣碎片的制造者——黑色的树枝和足以损坏汽车的果实，而坚果又难以取出食用。

同时，这些树也以其根部、树叶和果壳渗出的胡桃酮而闻名，这种化学物质可以阻碍其他一些植物的生长。我的邻居们认为胡桃“不是园丁的朋友”，我想在这种原产美国东部的树木生长的其他地方，那里的人们也会持同样的看法。

但是，在吉尔吉斯斯坦，有胡桃林的地方就是花园。就在我听说朋友的“坚果巫师”的那一周，我读了罗杰·迪金（Roger Deakin）的《山林》（*Wildwood*）一书，其中写到了吉尔吉斯斯坦的胡桃采收。在那里，胡桃采收就像我们这里的后院烧烤一样，是一种当地文化。在这个中亚国家里，数千人在胡桃树下露营10天到一个月，并采收胡桃，这种倍受珍视的坚果常常代替钱币，作为法定货币使用。在吉尔吉斯斯坦，人们把最好的胡桃作为礼物互相赠送，每个人的手上都沾着胡桃皮的汁液，黑乎乎的。

人们之所以会对胡桃有着如此截然不同的态度，其中一个原因是吉尔吉斯斯坦生长的是胡桃（*Juglans*

园丁们在花园里清除黑胡桃幼苗时，偶尔会发现坚果仍然附着在幼苗的根上。

regia），而我们这里生长的是黑胡桃（*Juglans nigra*）。胡桃容易剥壳，而且味道比黑胡桃清淡，但这还不足以解释这种差异。我认为胡桃的味道与黑胡桃（有一种树林的味道）相比，比较平淡，而且，虽然黑胡桃很难剥壳，但也并不是剥不开。

吉尔吉斯斯坦有着大片的胡桃林，并具有某种历史意义——这是世界上最古老的野生胡桃林，面积超过100万英亩。而且在一个普遍依靠农业维持生计的地方，可食用的胡桃在这里要比在一个人人需要割草坪的国家更受重视。但是，吉尔吉斯斯坦在胡桃树上（爬到树上去把胡桃摇掉）歌唱的人们，和弗吉尼亚州的草坪上咒骂黑胡桃的人们，二者的对比仍然显得过于强烈。迪金对吉尔吉斯斯坦的胡桃采摘者的热情描述，让我想要加深对这些树木的了解，因此我开始观察邻居家的黑胡桃树。

在开始之前，我对黑胡桃已经有一些了解，因为我之前的住处旁边

就有一棵，我也见过一些（本州最出色的几棵），还远远地看到过许多。我可以根据它们具有热带特色的树叶（由9-23片小叶组成的复叶）认出它们，还有8月份落下的深棕色枝状叶柄，以及夏末初秋开始飘落的黄叶、冬天的轮廓（尤其是一些深色的果实还附着在树枝上时），以及当我的割草机削掉外层果皮时散发出的味道。（是的，我可能也使用过“坚果巫师”。）

我过去一无所知。而现在，我虽然不会去跟一般的吉尔吉斯人（或者加州的果农）比拼胡桃知识，但我对黑胡桃树的了解，已经远远超过两年之前，我只要走进邻居的院子里，仔细地观察其中一棵，我就感到它们已经像是我的朋友一样。我可以从一排树木中挑出黑胡桃树，就像我可以在拥挤的火车站找到我的朋友，而且在一个不熟悉的地方，只要看到一棵黑胡桃树，我就会觉得这个地方不再陌生。

首先，是坚果。老实说，我相信很多有黑胡桃树的人并没意识到，这些落在他们院子里的绿色球体，从桌球到垒球大小，其中含有可食用的坚果。这种无知是可以理解的。黑胡桃的层数比伯格曼的电影还要

左页

被果皮和果壳包裹的黑胡桃散落在地上。这种习性是福是祸，取决于你看问题的角度。

右页

从横截面来看，果壳内的黑胡桃果肉清晰可见，外围是深色的果皮。

多。首先是果皮，它先是黄绿色，然后变成饱满的棕色，最后腐烂时变成黑色。绿色的时候，它的表皮粗糙，呈革质，用指甲刮蹭时有柑橘的气味。我不相信芳香疗法，但我做过，我会刮蹭绿色的胡桃果实，然后偶尔会放到鼻子下面，因为我虽然不情愿相信，但我的身体知道，这样让我感觉很舒服。黑胡桃叶也有独特的香味，而且堪萨斯州立大学的坚果专家威廉·里德（William Reid）教给我一个简单的方法来区分黑胡桃与白桦和山核桃，就是通过黑胡桃叶的香味。

里德说，黑胡桃成熟可以采收时，果皮仍是黄绿色，但此时已经变得很柔软，如果你用拇指按压果皮，会留下压痕，而不用等到果皮变成深棕色或黑色。黑胡桃的圆形果实九十月间成熟，如果你在此时或提前处理它们，你会发现果皮会把你的手指变成黑色。黑胡桃皮熬水后，加入旧棉布，你会发现黑胡桃可以用作染料，把你的布料染成饱满的棕黄色，不仅简便，而且效果出色。

左页

在黑胡桃长出新叶时寻找它的柔荑状雄花序。

右页

黑胡桃（*Juglans nigra*）的雌花有着梨形的子房，柱头被毛，看起来有点像昆虫的触须。

在简洁的果皮里面，是黑胡桃的果壳。果壳以良好的摩擦性能（胡桃壳颗粒可以作为磨砂石使用）闻名，呈深棕色至黑色，有明显的隆起，听说类似于其树皮的隆起。我希望能看出两者的相似性，因为喜欢胡桃有着“配套服装”的想法——果壳的纹路与树皮相同——但我真没看出来。胡桃果壳的沟回也会让人想到大脑，根据形象学说（Doctrine of Signatures）（一种古老的信仰，认为如果植物的某个部分与人体的某个部位相似，那么必定对人体的该部位有益），胡桃被认为是很好的健脑食物。迪金（引用他的吉尔吉斯向导的话）说，罗马人不会让自己的奴隶吃胡桃，因为怕他们变得太聪明。

黑胡桃的果仁填充在果壳的空室里，像装在罐子里的马芬蛋糕（虽然是一个有沟回的罐子）。把浅棕色的果肉从坚硬的果壳里挖出来，你就会发现，最神奇的是，它们的味道就像你花18美元一磅从杂货店里买的黑胡桃一样。事实上，它们就是同样的胡桃。杂货店里的黑胡桃主要来自中西部各州（主要是密苏里州），它们采自野生的树木，而非人工种植，因此你购买的坚果与你从后院里收集的那些非常相似。

当然前提是你愿意收集并打开这些坚果。我曾经受到别人的鼓励去做这件事，但也正是此人使我灰心丧气。化学教授弗兰克·博德里奇（Frank Boldridge）在我们社区非常有名，因为他会给所有他能接触到的胡桃去壳——他和妻子每次去参加教堂晚餐，都会带上含有黑胡桃的甜点——如果当时已经有了“坚果巫师”，我们肯定会把所有的黑胡桃都收集起来，然后送给他。可惜的是，博德里奇用来剥除外皮的工具过于复杂（某种玻璃杯似的东西），还有他的开壳设备（回收的齿轮、台钳和曲柄的巧妙组合），都让我不那么情愿进行这个操作。我得出的结论是，只有像博德里奇先生这样自己做牛仔裤的人，才会试图去给黑胡桃去壳。但有两件事改变了我的想法。

第一件事，我想让孙女看看胡桃是怎么来的，所以我决定冒着手指染黑的风险（结果并不是传说的那么糟糕）把果壳外的果皮去掉。然后，我做好了被这个出了名的硬壳挫败的准备，拿起了锤子，把坚果放在石头上，开始敲击。比想象中要容易——太容易了。我把果仁和果壳都敲碎了，不过其间我意识到，虽然胡桃不是花生（让你一看到就想去剥开它），但它也不是铸铁做的保险箱。一次敲开一个黑胡桃，并费力地掏出果仁可能很乏味，但还是可行的。我一位朋友的父亲曾经在冬夜里，坐在柴炉旁，用锤子敲黑胡桃，并缓慢地取出果仁。“他干上一小时，才能敲出一小杯。”她说。如今还是建议使用台钳和专门设计的胡桃夹子。

还有一次，我去弗吉尼亚州的布莱克斯伯格拜访杰弗·柯万（Jeff Kirwan），也让我对黑胡桃的剥壳和食用有了新的认识。杰弗来自瑙斯·怀沃什印第安部落，他喜爱野生食物。每天早餐之前，杰弗都会到后门外面去敲一两颗黑胡桃来吃。他的装备是：两块石头，一块约餐盘大小，另一块约垒球大小。他把一颗果仁充分干燥的胡桃放在较大的石头上，然后用较小的石头灵巧地敲击，然后就得到了很好的蛋白质来源，既富含不饱和脂肪，又不含胆固醇。杰弗还很喜欢黑胡桃的味道，而对寡淡的胡桃有些嗤之以鼻。“现在，松鼠和我一样，正在吃去年的胡桃。”6月的时候，杰弗说。去年秋天，他用脚踩踩，去掉了胡桃的绿色果皮。冬天的时候，他将未剥壳的坚果放在车库里晾干。据说趁着果皮还是绿色的时候去皮，然后至少带壳干燥两至三周，可以使胡桃的味道更好。

当你给胡桃去皮、剥壳并将它吃掉之后，胡桃会看起来跟以前不同。最起码，你知道有它们在，你就不会饿死。如果你是一个园丁，而且你附近有一棵黑胡桃树，那么你对胡桃的看法可能不那么积极。除了胡桃酮的问题（抑制其他植物在其附近生长）以外，胡桃树还是令人生厌的杂树。一夜之间，它们的幼苗就可以突然从地里冒出来，长到齐膝高，而且在我花园里的所有杂草杂树中，胡桃苗是最有可能需要动用铲子才能铲除的。对于深受胡桃苗之苦的人们，我有两个弥补的方法，不过都需要你在这种情况下发现一些新的东西。首先，你可以把它们视为本地松鼠的活动路线图。我无法相信，松鼠会把我挖出来的所有胡桃苗再种回去，但也没有其他的解释。这儿，你到过这儿？还有这儿？这儿？这儿？你做这一切的时候，我在哪儿呢？不论你对胡桃苗有多少不满，你都会对松鼠的勤劳肃然起敬。

其次，通过挖胡桃苗，你可以学到许多关于胡桃树的知识。你会发现一棵幼苗仍然依附在孕育它的坚果之上，这是一件不同寻常的事，而且很有教益。有时整个果壳已经不见了，有时还有一半留在茎与根之间，而最少见又最令人激动的，是你可以将它连根拔起，而整个坚果还连在上面。我一直希望当我找到这种幼苗时，身边能有一个孩子，因为种子和树之间的联系在此刻是如此清晰。

挖出胡桃苗之后，还能看到它们的主根非常强壮。我都不会试图用手去拔这些胡桃苗。但在2009年初夏，我的院子很潮湿，所以我可以直

左页

放大后，未成熟的黑胡桃雄花的花药清晰可见。

右页

成熟后，黑胡桃的雄花序会变长，并优雅地悬垂下来。照片左上角的位置可以看到雌花。

接将胡桃苗拔出来，而不破坏们它们的根；泥土稀得像一锅粥。它们的根是多么不可思议啊！我奇迹般地拔出过一棵幼苗，根是完好的，叶片繁茂的上部长26英寸，根长22英寸，看起来像一支射进了土里的箭。

关于黑胡桃，你还需要知道：它们喜欢充足的阳光，它们总是成长在开阔地带；它们是优质的木材（你奶奶的梳妆盒可能就贴着胡桃木贴面）；它们的树皮很独特。啊，树皮这个难题。这是种植员米歇尔·迪尔（Michael Dirr）对黑胡桃树皮的描述："深棕色到灰黑色，细小的隆起之间是深而窄的槽，大致形成钻石形的纹路。"我再次走到邻居的胡桃树旁，想看看能不能找出钻石形的纹路。也许吧，有一小块。实际上，我的邻居有五棵黑胡桃树，每棵约75英尺高，有两棵的胸径超过8英尺，所以这是一个很好的观察样本。我吃惊地发现，它们的树皮、枝干和树干是软铅笔画的绝佳题材。它们深色的部分非常深，浅色部分呈灰色。一棵坚毅的黑胡桃树，长满了青翠的棕榈状叶片，映衬着白色的房屋，仿佛在求你把它画下来。

黑胡桃最吸引眼球的部分还是花。想一想，我可能在它们附近住了

好些年，却从未见过它们的花！我想，是一次互联网搜索提醒了我它们的确存在的事实。他们当然存在，因为黑胡桃可以结果，但就是由于这样的无知或疏忽，有些人无法看到眼皮底下出现的一些惊人的现象。

在我的日记里，有一段仓促的记录，是关于胡桃雄花和雌花的描述，旁边是一幅更加潦草的素描，连我自己都觉得难以辨认。但即便是如此粗略的涂抹，也有一种我喜欢的即兴与真实，因为当我画下这些花时，我完全被它们俘虏了——只想记录它们，以便将其留在记忆中——而且这样的涂抹毕竟带着诚实（即便不是清晰）。其中我写道："每一团雄花的颜色就像商陆幼果的鸭绿色，圆圆的就像抱子甘蓝，附着在下垂的绿色花梗上。雌花从三个爪状的绿色结构中长出来，让我想到流苏状的茅膏菜（至少有一个是流苏状，另外两个则是向花梗方向卷曲的线形结构，花长在花梗上）。我推定在这根半英寸长的绿色轴上的三枚小东西就是花。它们的基部为绿色，状如巴黎水的瓶子，每个瓶子的顶端是一对毛茸茸的东西，看起来像短粗的触角。它们下部为浅绿色，顶端是浅粉色的'毛'。我忖度，这些'巴黎水瓶'竟会发育成胡桃？"

这些黑胡桃（从左至右）展示了新长的叶子和一对雌花、柱头宿存的发育中的果实，以及成熟的果实。

植物学家已经将长着雄花的“下垂的绿色花梗”认定为柔荑花序，而雌花上“短粗的触角”是柱头，雌花的瓶状基部是子房，这一部分确实会发育成胡桃。子房用“梨形”来描述更为贴切，非常贴合这个发育中的果实的形状。这些繁殖器官都被正在生长的叶片遮挡了起来，这些叶片很精致，形状精美，每次长出几片小叶。雄花长在前一年长出的树枝上，而雌花长在新枝的末端。

在观察过胡桃的花期之后，我读到一本书里写着，至少要有两棵胡桃树才能结出果实，我当即在书页边写下“不对！”，俨然自己已经是个专家。我不是亲眼见过雌雄同树的胡桃树吗？后来我才知道，核桃树有一种防止自花授粉的机制。坚果专家威廉·里德说，同一棵黑胡桃树的雌花通常先成熟，然后雄花才释放花粉，从而促进异花授粉（不同树木之间的授粉），但偶尔雌花也会晚于雄花成熟。因此，为黑胡桃的雌花授粉的，通常是来自旁边树木的花粉，而不是同一根枝干上仅有数英寸之隔的雄花。里德说，这些树木有时也会自株授粉，但是这种情况下结出的种子，很有可能会比较干瘪瘦小。

这样神奇的策略，使我们不由得为树木的智慧感到惊叹。但是令我对黑胡桃树改观的，倒不是我听说的一些东西，而是我亲眼所见。对我来说，这些树木之所以从壮观的植物变成了有生命的机体，是因为我发现了黑胡桃的那些长着“短粗的触角”的雌花。在那之前，我认为它们美丽、雄壮，经常结出许多果实，是一种具有经济价值的树木，但是只有看到雌花上这些触角状的附属物，才令我觉得它们真的活着。当我想到这些坚如磐石的树木上的这些精致的生殖部位，我脑子里蹦出的一个词是“有知觉的”。难怪那些最懂得黑胡桃的人们都想爬到树枝上去唱歌。

北美圆柏（*Juniperus virginiana*）

当我们聊起北美圆柏时，一位植物学家说："日常事物最容易被忽视。人们总是认为，常见的事物没什么了不起。"北美圆柏在我家附近十分常见，被人们当作一种杂树，虽然附近也有一些漂亮的老树，但没有人在意它们。只有在冬天的时候，有些北美圆柏长满了蓝色的"浆果"（肉质球果），才会得到人们的注意，其余时间，它们只是被人们当作不起眼的背景。很难想象在18世纪的英格兰，这些树曾经风光一时，当时的园丁们都希望在园子里种上北美圆柏。安德烈娅・伍尔夫

（Andrea Wulf）的《园丁兄弟》（*The Brother Gardeners*）一书记载，当时北美圆柏的“浆果”按蒲式耳[①]订购，像宾夕法尼亚州的约翰·巴特姆（John Bartram）这样的供应商，都无法满足园丁们的需求。像许多原生树木一样，北美圆柏在家乡不受青睐，但只要仔细观察，你就会发现，这种树的某些特征，可能连那些欧洲的崇拜者们都没有注意到。

首先，我想谈谈这种树的亲属及其分布，因为即使你家附近没有北美圆柏，也可能有它的某个亲戚。北美圆柏的英文名是Eastern Red Cedar（直译为“东部红雪松”），但它并不是一种雪松（Cedar），而是一种刺柏（刺柏属的成员），与其他刺柏属植物，如加州刺柏（*Juniperus californica*）、圆柏（*Juniperus chinensis*）和欧洲刺柏（*Juniperus communis*），有一些共同特征。灌木状的欧洲刺柏分布特别广，生长在美国和加拿大的大部分地区，以及格陵兰岛、欧洲、西伯利亚地区和亚洲。北美圆柏的分布范围没有那么广，但据说是美国东部分布最广的针叶树种。它原产北美东部，从加拿大东南部至海湾的大平原东面的墨西哥湾，分布图显示它的身影遍及美国近40个州。（种植和天然更新使其范围扩大到大平原等地，使其成为某些地方冬季里唯一的常绿树种。）

北美圆柏如此常见的原因之一在于，它是一个先锋树种：它是最早占领废弃农场和牧场的树木之一。它在旧油田、公路路基、墓地、输电线路缓冲区，以及其他土壤遭到侵扰的自然栖息地都很常见。我们大多数人会把这种树和乡村联系在一起，但当我在写北美圆柏时，我曾在一个冬天的周末一时兴起想去乡村寻找一些北美圆柏，随即我想起它们无处不在，连城市也不例外。于是我滞留在城市里，正当我沮丧地感到我与熟悉的树木中断了联系时，就在去杂货店的路上注意到购物中心后面有一排美丽的北美圆柏。在那里，在垃圾箱和装卸码头的对面，是各种各样的北美圆柏，有的挂着蓝色的“浆果”，有的则是小枝顶端长着淡

① 蒲式耳，英文Bushel，谷物与水果的计量单位；1蒲式耳在英国相当于8加仑，约36公升。

黄色的“球果”；有些是沉闷的橄榄绿色，有些是黄铜色，还有一棵的叶子呈灰褐色调的粉红色。它们看起来十分压抑——在水泥的装卸码头和停车场之间的一条狭长的土壤带中艰难地求生——但这些树很大，而且枝叶和样貌富于变化，足以供人们开展一次相当有价值的关于北美圆柏的研究。

如果你试过找一棵合适的北美圆柏来当圣诞树，你就会知道这种树是多么富于变化。在北美圆柏分布带的南部，幼树通常呈柱状，老树则向金字塔状发展；北部的北美圆柏则始终保持柱状。许多看似丰盈的北美圆柏实际上有两根主干（如果你想选一棵当圣诞树，就比较麻烦了），且叶片的颜色和质地迥异。幼树的叶片（和老树的部分叶片）尖锐且带刺，有些呈泛银光的蓝绿色。仔细查看一下这些3/8英寸长的锥形针叶，你会发现，从叶柄到叶尖越来越尖，仿佛一把把匕首。大多数成年北美圆柏的叶片则截然不同，它们不太像针，而更像是鳞片或屋顶上的层叠的瓦片。叶片紧紧依附着叶柄，它的质地让我想到编织绳和挂绳。每棵树的叶片颜色各有不同，并随着季节变化。北美圆柏往往在冬季变黄，在春天转绿，但有些树木终年呈现一种“锈色”。树木之所以呈现黄褐色，有自然着色的原因，同时也是由于老叶在凋亡数年后仍然挂在树上。喜欢黄铜色北美圆柏树叶的人认为这种颜色温暖柔和，而不喜欢的人则认为它是墨绿色的拙劣替代品。

北美圆柏的黄铜色来自雄树上产生花粉的黄褐色结构。许多博物学家称其为雄球花或花粉球；植物学家称其为孢子叶球。这些携带花粉的结构只有米粒大小，和叶片一样，呈鳞片和瓦片状排列，它们十分微小，但数量众多（几乎每个小枝的顶端都要有一个）。你也许很难一眼认出它们，但这些就是雄球花。冬季和初春是追踪它们的最佳时间，因为此后它们就会释放花粉（在我居住的地方是3月），然后很快就会解体脱落。在长满雄球花时，北美圆柏最接近黄铜色，在花粉即将释放前，它的颜色近乎芥末黄。

如果在雄球花的鳞片开始彼此剥离，花粉囊膨大时观察雄球花——最好借助放大镜，你会看到每个鳞片后都有一团小小的，刚刚长出的淡黄色块状物。只要一阵微风吹过，甚至是一只小鸟的落脚，都会晃动树枝，使花粉囊中的花粉洒落。一位朋友曾经写信给我："今天（3月18日）上午，我多次看到北美圆柏释放出花粉'烟尘'，大多数是被微风吹出来的。但有一次，一只小鸟起飞的时候震动了树枝，结果整棵树都冒起烟来，像是中间有小火在烧似的。"这些温和的小事件是美好的，但北美圆柏的花粉事件也能够令人震惊。随着3月的风力由弱变强，你可能会看到一排北美圆柏同时冒出黄烟。我第一次目睹这种事是在一个3月的大风天，当时你可以根据一丛北美圆柏来追踪风的路径，十分明确，就如同用黄色粉笔灰画出来的一样。好多黄色粉笔！你只要在适当的时机摇晃一根雄性北美圆柏的树枝，也可以制造出一片与之类似但较小的黄色烟雾，但是在这么做之前，你可能需要先吃点抗过敏药。鲍勃曾经向我抱怨，在请他拍摄北美圆柏前，应该先给他一套防护服。我和他一样有过过敏经历，所以我非常理解。

现在你应该了解北美圆柏是雌雄异株的，也就是说有些北美圆柏是雄树，有些是雌树。雌树的明显特征是蓝色的"浆果"（虽然雄树偶尔也会结一些）。说是"浆果"其实并不恰当，因为所谓的北美圆柏果实际上是一个长着肉质鳞片的球果，这些鳞片让它看起来像浆果的样子。不过普通的观察者喜欢称其为浆果。北美圆柏果在其形成初期是难以辨认的，它要经过许多次颜色变化，到了呈圆形的时候（在我居住的地方是5月1日左右），它会从覆着白霜的浅蓝绿色变成灰蓝色，再到蓝黑色。一棵树上可以结出150多万颗球果，而且每两三年会有一次大丰收。

这些蓝色的浆果不但在树上看起来很美，而且是鸟类的一个重要食物来源。可以把它们看作食果动物的快餐。这个比喻很贴切，因为北美圆柏就像快餐店一样普遍（甚至会出现在新建的公路旁），它们为一群群饥饿的旅客提供食物，而且单就北美圆柏来说，它们提供的是劣质食物。北美圆柏果的营养价值不高（大花四照花的浆果所含的碳水化合物、脂类和蛋白质要丰富得多），不过它们用数量和便利性弥补了质量的不足。北美圆柏果的成熟期（8月至10月）正是许多南飞的候鸟需要它们的时候，而且它们并不是许多鸟类的首选食物，因此到冬季末期，当其他食物告罄时，北美圆柏还有球果。

北美圆柏和以其浆果为食的鸟类之间有一种互利关系。浆果为鸟类提供营养，作为回报，鸟类帮助树木传播种子。如果你曾经注意到，北美圆柏经常沿着篱笆成行排列，或者在曾经扎过篱笆的地块里呈直线排列，这就是鸟类传播北美圆柏种子的结果，是它们在篱笆上停留时排出了种子。鸟类不仅为北美圆柏传播种子，还提高了种子的发芽概率。生物学家安东尼·霍尔特泽思（Anthonie Holthuijzen）表示，经过鸟类消化道处理的北美圆柏种子的发芽概率是普通种子的1.5至3.5倍。这有点颠覆了我们认为鸟类争夺树木果实的一贯看法。索伦森（A.E. Sorensen）曾在一篇关于温带林地鸟类和树木果实相互作用的论文中指出，“果实争夺鸟类的竞争，远比鸟类争夺果实的竞争更激烈”，鸟类的服务对树木而言至关重要。我喜欢这种模式的转变，因为它有助于消除把树木作为被动对象的错误看法，并且让我想象出一幅北美圆柏推销球果的画面，其实在某种意义上，所有树木都是这样。

也许有人还记得北美圆柏实际上是刺柏属植物，可能会疑惑它的浆果是否就是人们所吃的杜松子。杂货店里出售的杜松子属于香料，用来给杜松子酒调味〔杜松子酒（gin）这个词据说来自genievre，即法语中的杜松〕，但这种浆果实际上来自欧洲刺柏（*Juniperus communis*），而非北美圆柏（*Juniperus virginiana*）。虽然数百年来，北美圆柏的浆果（有时甚至是常见的杜松子）一直被用作药物和调味品，但实际上许多毒物管理中心把它们列为有毒物质，所以绝对不推荐大量食用。

发育中的北美圆柏的球果结构——有时也被称为花——远不如成熟的球果那么显眼。在我开始搜寻花朵之前，我从未想过北美圆柏的球果

北美圆柏（*Juniperus virginiana*），其中一些结了蓝色的“浆果”，它们是许多采伐地、废弃农场和路旁的常见标志性树种。

的前身是什么模样，所以我觉得沃尔特·E. 罗杰斯（Walter E. Rogers）的《森林、公园和路旁的树木花朵》（*Tree Flowers of Forest, Park and Street*）一书中的这句话很有意思："在裸子植物中，北美圆柏的花是最难识别的种类之一，仅次于银杏。没有特别突出的颜色，组成部分极其微小，而且与叶片看起来十分相似——分明是要合谋让观察者无从窥得这些花的真面目。"这样的描写激发了我的斗志，它越是难以发现，我越是希望看到。

照理说，这种"花"（确切地说是未成熟的球果，而不是花，因为它是针叶树）必然会长成北美圆柏的成熟浆果（携带种子的球果），但究竟是什么样子呢？什么时候？罗杰斯的那段讨论所配的插图让我看到了第一张北美圆柏的"花"的图片，但是我在一个中西部自然中心的网站上找到的照片（用箭头指出了观察的部位）才提供了我所需要的方位线索。鲍勃的照片也会对你起到同样的作用。另一条线索来自一位本土植物同好的一句话，他说自己虽然从未见过北美圆柏的"花"，但他知道它们开花"特别早"。

如今我知道北美圆柏的雌"花"（雌球花）在夏末或秋天就开始形成，此时用肉眼根本无法察觉。虽然更早一些用肉眼看到它们也不是不可能，但我想等到3月下旬再向人们展示发育中的北美圆柏的雌球花（"花"），即便到那时，我们也需要使用放大镜。你应当观察雌树（此时，去年的球果已经被鸟类啄食殆尽），然后锁定比较靠近去年枝条的枝叶顶端。不要看枝叶的侧面，而要看看小枝顶端，顶芽鳞缺失的地方。这个区域看起来像一只鸟的喉咙，而且四周有四个鸟喙状的叉齿。胚珠就在"喉咙"下方发育。（去年的球果脱落的地方看起来也很相似，但"喉咙"里不是发育中的胚珠，而是一些木质的残留物）。

起初，发育中的胚珠像一个小球，大约是一颗胡椒粒的五分之一大小，然后像一个充气的黄褐色小气球，有一个红棕色的尖。这两个阶段都不怎么令人惊奇，但是到了仲春，你就要做好目瞪口呆的准备了，因

北美圆柏的成熟叶片呈鳞片状，贴近叶柄，幼叶则呈锥状并带刺。

为在这个阶段，发育中的北美圆柏浆果绝对让你着迷。随着浆果的发育，鳞片（那些鸟喙般的齿状突起）的两侧似乎要与中间的胚珠融为一体，而这些结构的颜色是许多种颜色的组合，我在笔记里描述为“蕴含黄/橙色的蓝灰紫色”和“中间带粉黄色包块的蓝绿色”。鲍勃的照片展示了这些颜料的组合，还有“包块”——球形胚珠外面的鳞片相互融合，形成我们熟悉的北美圆柏果。“看上去好像有什么东西住在里面。”在我们讨论这个结构时，鲍勃这样说。当然他完全正确——树木的种子正在里面成形——但我们很少观察这种尚不成形的树木现象。我在野外见到北美圆柏浆果发育的阶段之前，我从未见过关于它的照片和文字描述，而且在此前的40年里，我以为自己很熟悉这种树，但我竟然从来没有注意到它的这个结构。要想看到它，你得在雄树的花粉散落后1个月左右，在北美圆柏的小枝顶端寻找浅蓝色的小点，然后拿出你的放大镜仔细看！

左页

雄性花粉球是北美圆柏在春天呈现黄铜色的一个原因。

右页

放大后，北美圆柏释放过花粉的花粉球孔室清晰可见。

关于北美圆柏，其他值得密切观察的还有树皮和真菌引起的圆柏苹果锈病的表现。长而窄的竖条树皮呈带状剥落（见第103页）。在下部树枝自然脱落或被砍掉的老树身上，这样剥落的树皮尤其醒目。如果有足够的空间和阳光，能长出健康的树冠，年老的北美圆柏可以展现出十足的庄严感。在北美圆柏的小树林里散步是一种愉悦的享受，因为在它们如出一辙的树干下面，就像置身柱廊一样阴凉，它们脚下的地面十分松软（数十年的落叶不断铺垫），而且遮天蔽日的树冠散发的香味，就像圆

左上

雄性北美圆柏在小枝顶端长出微小的花粉球，或雄球花。

左下

雌性北美圆柏长出雌球花，或“浆果”，在早期特别有趣，而且很少被观察到。

右上

晚冬时节，北美圆柏的雌性繁殖器官（有时被称为花）最先出现的明显部位从鳞片状的叶片中显露出来。

右下

肉质鳞片包住了北美圆柏的雌花球，使它看起来像浆果。

晚春时节，北美圆柏的雌球果，看起来像浆果，已经呈现出其特有的圆形和淡蓝色。

柏箱子里的气味。每当走过种着北美圆柏的小巷，总会有一阵北美圆柏的香气，不过只要在指间揉搓北美圆柏的叶子，也能产生这种气味。

引起圆柏苹果锈病的真菌子实体则是令人色变的另一码事——这是一个形象的说法，也是事实。圆柏苹果锈病是一种真菌病，危害的对象包括北美圆柏及另一宿主——苹果树。这种真菌需要这两种宿主——圆柏树和苹果树——来完成它的生命周期。如果两个宿主同时存在，这种病对苹果树的危害较大，对北美圆柏的危害较小。不过这种疾病在北美圆柏身上的表现也很惊人。首先看圆柏树枝上的棕色虫瘿，从弹珠到高尔夫球大小不等。在春季多雨的天气，这些虫瘿会长出长长的凝胶状橙色卷须（孢子角），把它们变成一个个网球大小的海葵。孢子通过这些卷须排出，然后随风落到发育中的苹果叶子和果实上，它们的破坏力非常强大，因此在种植苹果的国家，北美圆柏就像闯进蜂巢里的熊一样不受欢迎。在苹果种植国，不要指望能找到北美圆柏，因为它们已经被果

左

圆柏苹果锈瘿是北美圆柏的一个常见特征。

右

在多雨的春季，胶状的孢子角从圆柏苹果锈瘿中萌发出来。

农们成功地消灭了，而在其他地方，圆柏苹果锈病的子实体几乎无处不在。

榄绿卡灰蝶（*Callophrys gryneus*）是我希望见到的一种与北美圆柏有关的生物，但至今还没有见过。榄绿卡灰蝶的幼虫几乎只以北美圆柏的叶片为食，而成年的蝴蝶喜欢采食山薄荷（*Pycnanthemum virginium*），这种植物刚好在我家花园附近的一排北美圆柏旁边就有。榄绿卡灰蝶虽小却很漂亮，有着铜绿色的翅膀以及黄铜色和白色的斑纹。蝴蝶专家朱迪·莫尔纳（Judy Molnar）告诉我，雌性和雄性榄绿卡灰蝶都在其寄主植物（北美圆柏）附近吸食花蜜，而且雄性的领地意识很强，经常整日栖息在树的顶部。莫尔纳说，很明显，这样使得它们很难被人看到，但如果你“轻轻摇动树干”，它们可能会飞一下，然后再回到它们的栖息点。莫尔纳还说，榄绿卡灰蝶会把精心伪装过的卵产在北美圆柏的树枝顶端；在美国东南部，它们至少产两窝卵；观看成年蝴蝶飞行的最佳时间是在交配季节，从3月下旬至6月上旬，以及从7月中旬至9月。

你可能以为有了这些信息，我现在应该已经见过榄绿卡灰蝶，但还是没有。让我欣慰的是，弗吉尼亚州的博物学家和蝴蝶摄影家戴维·利布曼（David Liebman）告诉我，他寻找了15到20年，才终于看到一只榄绿卡灰蝶。他说，也许你所在的地方，它们比较罕见，也有可能它们很常见，只是我没有看到它们。第二种可能性让我不断地去摇晃北美圆柏，这不是让邻居认为你心智正常的最佳方式，但是要与圆柏保持联系，这是一个不错的方法。

银杏（*Ginkgo biloba*）

如何使树木更具动感，而非一味静止？如何使它们看起来更像“生物”，而不是没有生命的“静物”？一部展现游动的银杏精子使胚珠受精的影片如何？对我来说不错。事实上，当我在视频网站“油管”（YouTube）上看到这个短片时，我忍不住想：每一个男人、女人和孩子，都应该看一看！当然，游动的精子在树木中极为少见——在木本植物中，只有古老的热带苏铁也具备游动的精子——但事实上只要有一种树可以展现这一特征，而且可以在互联网上观看，这一点，用我丈夫的

话说，“就相当有看头”。

想象一下，在一个巨大的充满流体的空间里有两个脉冲池，被游动的精子产生的漩涡搅动，是什么情形？从生物学来说，两者不可相提并论，但对我来说，看到这件事，就像我第一次看到超声检查一样，这种技术突破让一直以来隐藏不见的东西出现在眼前。我们现代人总是认为，我们现在生存的自然界已经衰退了，是原始状态的贫瘠、简化、枯竭和损坏的版本。但应当记住，尽管在我们的有生之年，以及之前的许多年，有动植物物种的惨痛损失，但现代的人们有幸能够目睹许多从前无法观测的自然现象。

银杏种子的受精发生在雌性“果实”的内部，理解这一点，可以帮助你欣赏它的历史，以及一些不需要尖端显微镜（或YouTube）就能观察的特征。银杏被称为“活化石”或“没有‘石’的化石”，因为它们祖先的进化史可以追溯到很久很久以前，而且从2亿年前的三叠纪时期到现在，它们几乎没有发生变化。银杏科的成员曾经有着丰富的种类，并且分布广泛，它们见证了恐龙的出现和消亡。然而，到白垩纪（1.45亿至6500万年前），银杏家族也开始消亡，到第三纪（6500万至180万年前），只有少数物种仍然存在。在随后的冰河时代，持续的全球变冷几乎消灭了所有残存的银杏，欧洲人曾经认为整个银杏科已经灭绝，直到17世纪后期，人们在中国发现了唯一幸存的银杏属植物银杏（*Ginkgo biloba*）。很快在日本和韩国也发现了银杏，它们可能已经被人类栽培了数百年。

可以想象，植物采集者们为银杏何等疯狂：每个人都希望这种原始树木生长在自家的庭院里，很快它就被带往全球各地。银杏几乎可以在所有的温带和亚热带地区生长，如今你可以在全世界的公园、树木园和庭院里找到它。它的适应性强，易于成活，不惧污染，因此常被用作行道树。“马上，窗外那棵欣欣向荣的银杏树的扇形树叶就开始褪去夏季的绿色。”这是菲利普·罗斯（Philip Roth）笔下的虚构人物纳森·朱

银杏的雌性繁殖器官（胚珠）隐藏在叶子之间。

克曼（Nathan Zuckerman）的评论，他证明即使是透过曼哈顿西区的窗户，也能很好地观察银杏。还有一个不错的网站，由荷兰教师科尔·匡特（Cor Kwant）管理的“The Ginkgo Pages”，里面列出了许多“特别”的银杏，以及它们的生长地点。要去悉尼、首尔、开普敦，或东京吗？你可以围绕那个城市里的银杏来计划你的旅行。我在瑞士苏黎世大学植物园食堂的台阶前发现了三棵银杏，正好是在The Ginkgo Pages所说的地方。我觉得它们并非十分“特殊”——离我家只有几英里远的地方，那些种植于1854年的银杏树会使它们相形见绌——不过，我一直在附近寻找的一棵硕大的欧洲水青冈总算让我的苏黎世植物园之旅不虚此行。

无论是你的窗外，在公园里，还是在异国的城市里，你都可以追踪银杏的这些特征。首先，树的形状十分独特。幼年的银杏树让我觉得有些笨拙，好像青春期的男孩一样，不知道该把疯长的胳膊和腿往哪里放。疏疏落落的枝桠仿佛搭成了一个脚手架，看起来不像一棵树，而更像是一个衣帽架，而且枝桠上银杏叶的位置更强化了这种效果。有些叶子沿着笔直的新枝交替生长，而有些老枝上的叶子则长在木质的短枝上。短枝从远处看起来好像树枝上长出的许多荆棘，通常大约0.5到1.5英寸长，但在老树上可以长到3英寸。这些短枝的顶端，实际上是层叠的叶痕，会长出一簇簇叶子，还有银杏的繁殖器官。结果是这些叶子——你几乎可以把它们看作一个个叶子扎成的花束——都紧紧贴着树枝，看起来不像是树枝披着绿叶，倒像是黏上了许多树叶。

幼年的银杏树呈锥形，且枝桠之间有空隙，老树的形态则趋于松弛，向内填塞空隙，向外扩散舒展，呈现出较为圆润的树冠。事实上，那些抱怨屋旁的银杏幼树难看的人们，应该就近去树木园看看150年后它们会变成什么样子。在我眼里，除了标志性的树枝生长角度（树枝总是与树干成45度角长开去），两者看起来不像同一物种。

银杏叶也很独特。它们总体都呈扇形，但大小和轮廓各不相同。有些银杏叶是完整的，也就是说它们不开裂；就像是扇骨之间没有裂缝。

有些在中间有个裂口，形成两个裂片，这就是银杏（*Ginkgo biloba*）的种加词[①]“*biloba*”的由来。还有一些叶子有两个裂口，形成三个裂片。由于形状独特，银杏叶不会与其他树叶混淆，造型经常出现在珠宝和其他装饰品中。不过，银杏叶的其他方面也很有意思：特别的质地（有些蜡质），特别的叶脉序（从叶柄向外发散，并不断地一分为二），长而柔软的叶柄（使它们一有风就会颤动），还有秋季灿烂的颜色。

到了秋天，银杏叶变成明亮的金黄色。它们是最晚落叶的一批树木，在我家附近一般是11月。要说最出人意料的落叶景象，那就是银杏的落叶了。我没有见过一棵银杏树的叶子在数小时内全部落光那样令人震惊的神奇景象，但我见过邻居家的银杏树的叶片同时脱落，也就是一两天的事。叶子落得最厉害的那天，是降霜后的一天早晨，一定是清晨阳光的温暖让原本松动的叶子挣脱了最后的束缚，使它们纷落如雨。这个过

在这根银杏树枝上，休眠芽出现在木质短枝的顶端。

① 种加词：又称种小名，指植物学命名法的双名法中物种名的第二部分。

程不仅有自己的节奏，而且有它自己的声音，冰冷的叶子相互撞击，以及撞到下面的树枝上的声音，仿佛金属的敲击声。一旦落到地面上，银杏叶也同样令人吃惊，它们会在树下铺开一张明艳的黄色地毯，人们真不应该那么快就把它们耙开。如果劳氏家居装修用品店里出售这样的“草坪地毯”作为花园装饰，人们一定会大排长龙的。

具有讽刺意味的是，那些把银杏叶耙走的人们，也会花大价钱购买从银杏叶中提取的药物。用来提取保健食品店里出售的“银杏提取物”的银杏叶，与全世界的草坪和花园里的银杏是同一物种。不过这种叶子通常是从银杏农场采收，采收季节是夏季，采下的叶子还是绿色的。我曾经想象过，如果从空中俯瞰南卡罗来纳州萨姆特堡的1000英亩银杏田，会是什么景象；我想是一张由叶子组成的巨大的黄色地毯。但是，唉，那里的1000万株银杏树都如灌木般矮小，而且在叶子变黄前就被采收了。

除了独特的树叶，银杏也有明显的“果实”。（命名提示：把银杏的成熟胚珠称为果实并不确切。银杏的种子是裸露的，有一层肉质外皮，它不是李子和桃子那样嵌在成熟的子房壁里的种子，但许多博物学家和普通观察者经常称其为果实。）许多认识银杏果实的人只知道秋天从雌树上落下来的发臭的小球，但银杏的繁殖器官并不仅限于雌果的这个最终阶段。银杏的雌性和雄性繁殖器官分别位于雌树和雄树上，由于雌果散发恶臭，所以人们多种雄树。至少他们以为是这样。

大多数苗圃用雄性银杏的枝条来繁育雄树，以保证他们所卖的是雄株。但是，如果你买的银杏树是用种子繁殖的，那么只有一半的机会是雄株，而且在它长出柔荑组织（雄球花）或雌果（胚珠）之前，你根本

左页

银杏叶的形状各异（有些没有裂片，有些有两个裂片，有些有三个裂片），这片叶子有两个裂片，这正是银杏的种加词“*biloba*”的由来。

右页

在较老的树枝上，银杏的雄性繁殖器官（雄球花）从木质的短枝上长出来。

无法知道它的性别，而这通常需要20到35年，有时甚至更长。想象一下，如果被房主当作雄株买回来的银杏树到40岁时开始长出雌果，他/她会有多么惊讶！这种事情时有发生。事实上，苏黎世植物园的花园管理员彼得·恩兹（Peter Enz）告诉我，当学校的园艺师种下我见到的那三棵银杏树时，他们也不知道是什么性别，只是希望靠近人行道的是雄株。“不出意料，结果正好相反。”他说。因为在1998年，靠近人行道的那棵银杏树在39岁的年纪结出了果实。

只有在成熟的银杏树上才能找到繁殖器官。早春和仲春是银杏长叶的时候，这时可以在雄树上寻找一簇簇紧凑

左页

在这个正在萌发的银杏雄球花（绿色结构）的特写中，也可在木质短枝上见到往年的叶痕。

右页

这些较为成熟的长条形繁殖器官（雄球花）形成的花簇与银杏雄株的新叶同时发育。

的长条形携带花粉的结构，一般长在叶片下的短枝上。它们成熟时约1至1.5英寸长，刚长出来时是绿色（实际上这时携带的是孢子，而不是花粉），花粉成熟后变为乳黄色，脱落前再变成浅棕色。虽然它们最后会有些下垂，但刚长出时是直立的，由于它们和叶片同时从短枝上萌发，因此会被许多人忽视。雌性繁殖器官更加有趣。同样是在早春和仲春，长叶的时候，在雌树上寻找纤细的黄绿色花梗，上面是一对小而圆的绿色球体。球体（胚珠）的顶端突起，长在花梗的杯状顶端之上。对我来说，这个花梗看起来像一个微型的拐杖，而胚珠则像彼此相背的一对乳房。这些胚珠将接收来自柔荑状雄性器官的花粉，并发育成银杏果。

银杏树和其他裸子植物都有一种叫做传粉滴的结构协助其卵细胞授粉。它是出现在胚珠（顶端突起的球形结构）表面的一种黏稠的液体小珠，可以捕获花粉粒。银杏不只是被动地静待花粉落在柱头上；它会产生这颗微小的传粉滴，让其流到外

左页

在雌银杏树上，雌性繁殖器官（胚珠）长在绿色的花梗上，周围簇拥着新叶。

右页

在这个银杏的雌性繁殖器官的放大图里，绿色花梗的顶端有两个胚珠。

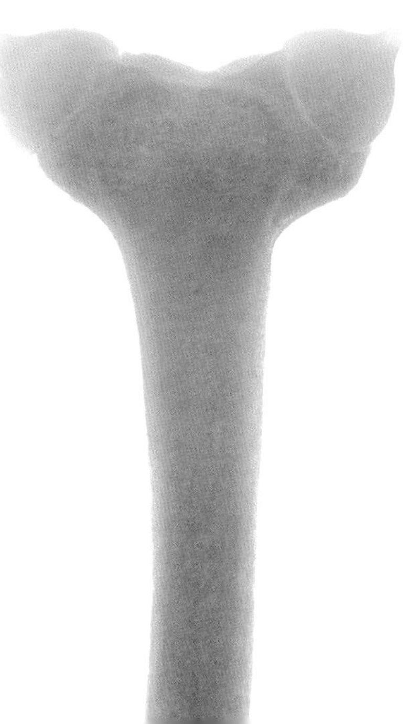

随着银杏果（实际上是种子的肉质种皮，不是果实）的发育，表皮常常会呈现银色，看起来像覆了一层霜。

部，捕获花粉，并将其带给雌性细胞。在银杏树上，你可以用肉眼看到传粉滴，但一旦它缩回胚珠里，就无法再观察它的变化了。互联网上的图表可以帮你看到这一切。这些图表会告诉你，当传粉滴通过一个小孔缩回胚珠内部时，它携带着花粉，来到一个叫作授粉室的地方，然后花粉进入雌性组织，而真正的授粉要到几个月后才会发生。

我以前从未听说过传粉滴，直到我在互联网上看到了一张照片，但显然，尽管它们在许多裸子植物中以不可见的方式（如松果的鳞片内）出现，但有些植物的传粉滴是可以看到的。我的植物学导师约翰·海登（John Hayden）告诉我，他只见过一次传粉滴，那是在早春的一天，天气阴沉，他在一个植物园的三尖杉灌木丛里，偶然地看到了它们。他们不仅小（直径约1/32英寸），而且持续的时间很短，天气干燥的时候可能只有几个小时，不过它们的昙花一现让我更加希望看到它们。不幸的是，我的"银杏传粉滴观察计划"遇到了阻碍，而你也可能会遇到。

我家后院的三棵银杏树还没到结果的年纪，而我邻居的成年银杏树却是雄树，所以我给所有的邻居和朋友发了一份传粉滴备忘录，让他们注意将要"开花"的雌银杏树。（裸子植物并不具有真正的花，但这个词用在这里的效果最好。）"如有需要，我们可以在外露宿！"一群热心朋友回答道。其他树艺师和树木爱好者似乎也同样愿意帮我留意。"应该会在雄树快要释放花粉的时候出现。"我告诉他们。但很快，我的侦查员们拿出了种种借口（树枝太高、没有时间），于是我决定做一个后备计划。

我从数英里外的朋友家里剪了一根雌银杏树（长雌性胚珠的银杏

虽然银杏“果”的杏色惹人喜爱，但腐烂后就不那么招人待见了。它散发出的气味使它得名“臭弹树”。

树）的树枝，并把它放在室内。大约两周后（4月6日），我在洗碗时抬起头，刚好看到厨房窗台上绽放的银杏“花”上，有两个闪闪发光的传粉滴。我欣喜若狂，假如你看到我的样子，大概会以为是我孕育了它们。我的银杏树枝上的胚珠一共只产生了这两颗液滴，以及另外一颗，但它们持续的时间十分惊人，竟超过了24小时，这可能是在室内的缘故。每次我看着它们，都会想到“期待”这个词，因为它们似乎已经精心准备好了迎接永远不会到来的花粉。

我再次利用同一棵树，这次不砍下树枝，只是观察授粉后长达数月的果实发育过程，其间从春到夏，经历了几个阶段。5月底，绿色的球体约有弹珠大小，到夏末就有小柿子般大小，同时颜色从绿色变为浅橙黄色，再变成棕黄色。你可以看到它们膨大和变色的过程，但看不到银杏卵细胞的受精。受精一般要到夏末或初秋才会发生，在胚珠内部，除非你有特殊的设备，否则是观测不到的。在准备受精阶段，胚珠会长出一个充满液体的授粉室。花粉粒形成的花粉管延伸到授粉室中，然后花粉把两个游动的精子细胞（有1000条鞭毛）释放到授粉室的液体中。精子细胞游向卵细胞狭窄的入口，钻进去与卵子结合，完成受精。这一过程里，精子细胞在授粉室里的原始跳动这部分，是可以在YouTube上观看的。没有一种被子植物和针叶树的繁殖程序里有游动的精子这一项，实际上这是在苔藓和蕨类植物中更为常见的一种适应性的改变。蕨类和苔藓依赖的是外部的水，而不是内部自带的小水池，来运输它们的孢子。我听说这个非同寻常的过程——游动的精子给银杏卵细胞受精——通常是胚珠还在树上发育时发生，但是也可能在未成熟的果实落到地上之后发生，于是又引发了关于路边散落的银杏果的猜想。

成熟后的银杏果直径约1英寸，大约是扁桃仁大小。由于底色和表面银色的原因，它们有时被称为“银杏”（Silvery Apricot）。银杏果落果（通常在8月和11月之间，在落叶之前）后开始腐烂，散发出难闻的气味，银杏也因此得名臭弹树（Tink Bomb Tree）。银杏果腐烂的气味可以跟狗屎、变质黄油、呕吐物和腐肉的气味相提并论——都是一些你不希望在门外或你的鞋子上出现的气味。据说这种气味对银杏树有好处，可以吸引食肉动物来食用、划破并传播它的种子，不过对人类来说确实很讨厌。有一次，我在一条繁忙的街道上只找到一个停车位，于是只好把车停在一堆腐烂的银杏果里，那种气味一直停留在我的轮胎上，我的鼻孔里，一整天挥之不去。

那么，我为什么会鲁莽地种下这些可能长成雌株的银杏苗呢？首先，它们是免费的：它们是我们县里那些可能是1854年种下的银杏树的后代。我是在12年前去参观希科里希尔（Hickory Hill）的一幢历史建筑时把它们挖回来的。我种下它们时就知道，每棵树都有一半的机会长成雌株，但在当时，与免费得到银杏的好处相比，雌性银杏果的坏处似乎没有那么重要。其次，虽然我平时从不需要谱系图，而且我认为树木谱系尤其无稽（凭什么说长在乔治·华盛顿家的树木后代就比长在别处的树木后代更有价值呢？），但我仍为我这些树木的历史着迷，因为我知道它们有着亚洲血统。它们的父母是日本天皇送给海军准将佩里的礼物，后者又将其赠给了我县显赫的地主，然后种在了希科里希尔。据我所知，还没有人培植过这些树木的雄性克隆体，所以我接受这些长在母株下的小苗，也是十分顺理成章的。

此外，如果要让这个物种保持其遗传多样性，总得有人种植雌株。（用枝条繁殖的雄性克隆体与父株具有完全相同的DNA，而用种子培育的小苗兼具父株和母株的遗传基因。）从我开始种植这些小苗以后，我也意识到只种雄株（通常为了避免产生大量雌果而采取的方法，不仅是银杏，其他许多树木也是这样）的另一个问题：雄株种得越多，我们接触到的花粉就越多，这对过敏症患者可不是一件好事。所以我可以心安理得地做我想做的事，也就是种植这些性别不明的银杏幼苗。而且我听说，只要银杏果一落下来就马上清理，就能够避免产生严重的臭味。

我现在其实希望我种的银杏既有雌株又有雄株，这样就能向我和我之后的房主展现各种现象，如胚珠上的传粉滴（在后院里比在整个镇里更容易观察到）和能产生游动精子的雄性“花”的花粉。显然，一个生长着雌雄活化石的院子比只有单一性别的银杏树的后院更有价值，不过我不知道在院子里满是“臭弹”的时候，我是否还愿意成为那个劝说准买家的房产经纪人。

红花槭（*Acer rubrum*）

我的日记里有这么一段：2月14日，“今天早上，地上散落着裹在冰里的红花槭花苞，这是春天到来的迹象。”翌年3月13日：“今天，闪亮的黑色道路上，有大片红花槭的落花。汽车开过时在其中留下轮胎印。”

那时我观察到的红花槭的花都是拜天气所赐，不过松鼠有时也会把它们从树冠上蹭掉。早春时节，红花槭树下的地面上往往铺满了花，但树冠顶部才是花朵开得最繁茂的地方。映衬着深蓝色的天空，在傍晚的阳光里，红花槭的花闪着微光，如果错过了它们，也就错过了这棵树

一半的美。大多数人认为红花槭因叶色而得名，因为许多野生红花槭（和几乎所有的栽培品种）的叶片都在秋天变红，但事实恐怕并非如此。红花槭的花和嫩枝始终是红色，而秋天的叶片有暗黄、酱红、明黄、橙色、红色等。可能红花槭的早春小花在叶片尚未长出之前，红艳艳地成团挂在枝头，才是它得名的原因。

而且这些花非常有趣。鲍伯在第一次为我们的树木交流会拍摄红花槭时，将其称为“拉斯维加斯歌舞女郎”。当你仔细观看时，它们显得尤为艳丽，但是如同其他树木的花朵一样，园艺师们认为它们根本“不具有观赏价值”。但即便是小小的花，成千上万朵同时绽放也会十分壮观，而且2月和3月初的一朵花，可以顶5月的50朵。红花槭也是极其常见的树木，几乎在美国东部的任何地方都能看到它们开花。北至新斯科舍省，南至佛罗里达州，西至威斯康星州，都能见到它们的身影。它们在我这个州是最常见的树木，而且它们的数量在许多州正在增长，有时增长的速度甚至十分惊人。一些生态学家们担心红花槭这种见缝插针的物种，会取代

早春时节，密集的小花簇拥在红花槭的枝头。这些是雌花。

统治了东部阔叶林一万年的栎树和山核桃。

无论它们的生态功过如何，红花槭很值得仔细观察，而且对于许多人来说，它们的花是春天到来的标志之一。但是，不要把它们的出现当作可以把柔弱的一年生植物搬到室外的指标。生物学家琼•马卢夫（Joan Maloof）（《教你认识树木》）说，它们“绽放时，夜间气温仍低于冰点”，而且据我观察，红花槭的花被冰包裹，也是寻常现象。马卢夫将红花槭描述为“早熟”——总是急匆匆的，并称其提前开花为打败其他开花树木的“明智策略”。她指出，大多数东部树木在夏季开花，在秋季播撒种子，然后种子在来年春天发芽。但红花槭开花早，紧接着就在春季播撒种子，并迅速发芽。

左上

红花槭未成熟的雄花里冒出的花药看起来像紧实的热狗（虽然很小，而且是红色）。

左下

簇生的红花槭雄花的浅色花丝伸出花瓣和萼片之外，顶部是深棕色的花药。

右页

红花槭的雄花用肉眼看很吸引人，放大之后看则非常壮观。

因此，它们的种子不受冬季觅食的动物掠夺。

红花槭提早开花的好处不止于此。槭树的花靠风和昆虫授粉，在风协助花粉从雄花传到雌花的过程中，如果没有树叶阻挡，就会事半功倍。先于叶开花也使得花朵非常显眼，我想不通为什么人们很少谈论它们。我们有很多机会看到红花槭的花。红花槭不仅分布广泛，数量众多，而且与其他树木不同，较为年幼时（四岁）就开始开花，因此它们的花并不总是高高在上。最近甚至有一个网站（爆芽项目，Project Budburst），可以让你追踪红花槭在其分布范围内的开花进度。

红花槭的花虽小，却非常美丽，但其中有一些确实可以描述为“拉斯维加斯歌舞女郎”，有些却不能，因为它们是雄花。有些红花槭是雄株（主要开雄花），有些是雌株（主要开雌花），有些是雌雄同株（雌花和雄花分别开在不同的树枝上）。个别红花槭的花还同时具有雌性和雄性特征，让这个问题更加扑朔迷离。如果你不熟悉红花槭的花，这么复杂的事可能让你沮丧，但一旦你能区分花的雌性和雄性部位，观察红花槭就会变得更加有趣。

你可以用肉眼分辨红花槭的雌花和雄花（或雌性和雄性部位），但如果你用放大镜或其他放大设备来观察，你

触角般的柱头从红花槭的花朵中伸出来。在这个阶段，细长的花梗是绿色的；成熟后会变成红色。

一定会惊叹不已。用肉眼看起来很有趣的花朵部位，放大后十分惊人。你可以在树木的枝端寻找包裹着红花槭花朵的冬芽，它们与叶芽不同，通常是密集地簇生在一起。这些花芽的内部有数朵花，芽鳞展开时，你就能看到其中的结构。在我居住的地方，依据天气的不同，红花槭的花芽会在2月底或3月初开始展开，大约是拟蝗蛙（*Pseudacris crucifer*）开始露面的时候。你最先看到的雄花部位可能是排列紧密的花药——天鹅绒般的红色“口袋”，状如微型热狗。它们先是位于展开的芽鳞内部，然后略微伸出芽鳞之外。随着雄蕊的拉长，它们在浅浅的黄色花丝上越长越高。花药被花粉覆盖时是黄色，花粉释放后变为黑褐色。成熟后，红花槭的雄花呈浅黄色，因此远远地也能分辨出雌株和雄株，但要记住，雌花的颜色从鲜红色到砖红色不等，而且也带有黄色调，所以我不敢打包票能远远地辨别雌雄红花槭。

红花槭的雌花绽放时，你首先看到的是从芽鳞里伸出的弯弯的触角般的柱头（每个冬芽4到5对）。有些红花槭的花是大红色，有些是鲜红色。随着雌花的成熟，其他部位也会伸出芽鳞的边缘之外，看起来更像是我们所认识的花，在纤长的花梗上，红色的萼片和花瓣组成碗

右页

红花槭的幼果呈红色，长在花梗上，先前这些花梗上曾经开出红花槭的雌花。

状。雌花授粉、受精之后，你会发现每朵花的花冠里长出了一对小“翅膀”。不久，这些膨大的翅果就会长成我们熟悉的槭树“钥匙”——被许多人称为“直升机”的种子结构。如果你喜欢槭树钥匙的形状（大多数人都喜欢），你一定会喜欢它们的缩微版，特别是它们还不到半英寸宽的时候，红嫩嫩的，从凋谢的花里垂下来，一晃一晃的。

随着它们逐渐成熟，你会发现红花槭的枝端上，细长的花梗下挂着一串串浅棕色到红色的“直升机”。如果是雌株，或者其中一些树枝开的是雌花，你就会看得到。有一天，我外出观树，路过一个停车场时，我注意到每棵树上的花全都是雄花。如今猜想，那些树都是红花槭的栽培品种，之所以选择它们，可能就因为它们是雄株——所以不会产生破坏环境整洁的“直升机”。这实在太糟糕了，因为槭树的“直升机”是大多数人喜爱的一种树木残留物。我们喜欢它们的形状，以及它们盘旋的方式。

左

随着果实的成熟，红花槭的翅果在基部长出种子。

右

未成熟的红花槭果实，或“直升机”，还保留着触角般的柱头。

红花槭的秋叶颜色非常丰富，不只有红色。

红花槭的果实在开裂（一般在脱落前）之前，有一对翅膀，中间有两个突起，里面是它的种子。其中一片的形状让我想到蝌蚪，如果仔细看，脉序使它们看起来像胚（虽然真正的树胚藏在种子里面）。从春末到初夏，这些带翅的种子逐渐成熟，通常在4月至7月的一两个星期之内脱落。（我可以在4月15日左右在我家附近看到它们如雨般坠落。）由于它们盘旋而落，因而得名“旋转木马”和“直升机”，美国航空航天局的科学家们甚至对它们独特的飞行方式进行了研究。你可以在网上找到关于槭树钥匙飞行的科学解释，但我只想说，它们的旋转与其不对称的结构、重心和升力中心有关。槭树进化出这个有趣的设计，当然不是为了博我们一笑，而是为了让槭树的种子到达它们应到的地方，即远离其父株和母株。对于树木的种子来说，落在父株和母株下并不是一件好事，因为这就意味着它们就要与生长繁茂的父母开展资源竞争。

再过一些时候，红花槭还有其他看点，包括泛红的绿色休眠芽，或称为冬芽。你在夏末就能找到这些嫩芽，它们聚生在叶腋，将在来年春天展开，长出花或叶。到了9月，在我住的地方，每个芽约有半颗胡椒大小。这些苞芽整个冬季都会长在树上，它们不仅美观，而且蕴含着未来的希望。一个朋友曾经向我抱怨说，当她用缀满休眠芽的红花槭冬枝来做花园俱乐部的插花作品，居然被评为不合格，因为他们不允许使用干燥花材。她试图向评委解释，这些树枝没有死，只是在休眠，但评委们不愿妥协。这太糟糕了，因为缀满休眠芽的新鲜红花槭树枝不仅有生命，而且应该获头奖。

荷花玉兰（*Magnolia grandiflora*）

“美国的北方人会为这种树疯狂。”种植员米歇尔·迪尔（Michael Dirr）在描述荷花玉兰时写道。也许他是对的，说到这个南方树种，可能让新英格兰的读者感到无法抗拒，但北方人拥有纸皮桦（*Betula papyrifera*）和罗伯特·弗罗斯特，两者与荷花玉兰相比，应当具有同样宝贵的名分。此外，梅森—狄克森线以北生长着许多与荷花玉兰同样美丽的木兰属树种，所以这个关于特定树种的描述，说的是以全新的方式来看待一种熟悉的树木。

荷花玉兰让我们南方人引以为傲的特点包括树的大小，深色、光亮的常绿叶片（有些为棕色的毡状背面），以及硕大而芳香的白色花朵。

荷花玉兰的球果（实际上是蓇葖果）在初秋呈现出粉红的色调。

许多南方人都可以讲述家族里几代孩子曾攀爬过同一棵玉兰树的故事；自然，一棵玉兰树所承载的家族记忆，也随其成长壮大而愈发丰富。我曾经参观过一棵主干周长达400英尺的荷花玉兰。它原本的树干已经不复存在，底下萌生的新茎组成了一片树林，不过只有一根树干的荷花玉兰也可以长得很庞大。当我们抱怨玉兰时，往往是因为它们的厚厚的革质叶，总是吹落在草坪上，而且似乎难以分解。（这里有一个调查的题目：把一片玉兰叶放在室外的一个地方，看看它到底需要多久才能分解。）不过，我们喜欢用玉兰树叶作装饰，而且许多人以了解它们的脾性为傲。作为花艺师，我对玉兰叶的姿态和颜色向来挑剔，对有些看不上的干脆嗤之以鼻，因为荷花玉兰的叶片是如此多姿多彩——特别是用种子直接繁育的树——叶片颜色从浅绿到深绿，再到墨绿不等，而且总是优雅地着生在枝干上。

但荷花玉兰最著名的部位是它的花朵，花香弥漫于春末和初夏的夜晚。荷花玉兰的花是北美原产的最大的花之一，花瓣宽8-12英寸，在树木的花朵中，它们显得格外巨大。它们的尺寸特点，揭示了它们古老的血统。具有木兰科特征的植物存在于9500万年前（比人类“仅仅”早了

9200万年），像玉兰这样原始的花属于地球上出现的第一批花。让我们停下来思考一下"原始"。在写另一本书时，我曾经花了好几个星期，试图弄明白玉兰花的原始之处，除了大小之外，到底还有什么。植物学家朋友向我解释了几个特征，但我对他们说的术语似懂非懂，到截稿的时候，我觉得我只能心安理得地说，能够证明玉兰的古老血统的是"花的生殖器官的结构，以及它们的大小和形状，这是为了吸引甲虫和苍蝇，而不是后来出现的蜜蜂和蝴蝶"。

一个星期后，关于玉兰花的解释的关键线索从天而降。在梅·沃茨（May Theilgaard Watts）经典的《美国景观读本》（*Reading the Landscape of America*）的第3页，有一张题为"花中古董"的图。图中描绘的是三瓣玉兰（*Magnolia tripetala*），附有描述其原始特征的标签，并将其与较为现代的变型作了比对。这本书首次出版于1957年，已经在我的桌上放置了多年，我从未读过。特别说一下三瓣玉兰，因为它是沃茨重点介绍的一种玉兰。它与大叶玉兰（*Magnolia macrophylla*）和白背玉兰（*Magnolia virginiana*）一样，可以在比荷花玉兰更北的地方生长，并且在野外也有发现。那么，如果你居住的地方在荷花玉兰的分布区（美国第六耐旱区最温暖的部分）以北，请观察一下三瓣玉兰、大叶玉兰和白背玉兰，因为它们的生殖结构与荷花玉兰类似。不同的玉兰物种的花从3至12英寸宽不等，它们具有装饰效果的球果——有些呈美丽的绯红色——形状从卵圆形到凹凸不平的黄瓜形不等。

沃茨书中的一张图突出了玉兰花的11个原始特征。其中三个是：花呈碗状，而不是入口狭窄的管状（后者是后来进化的，是为了指引授粉者找到花的生殖部位）；花瓣是分开的，两侧不联合（较为现代的花的花瓣两侧往往互相联合）；包裹种子的部位位于花冠之内，而非在花的下方形成膨大部位。玉兰花的其他原始特征还包括大量的雄蕊和雌蕊。仿佛是为了证明"弟子若准备好了，老师自然会出现"，这些信息不但伴有图示说明，而且还有一个兼具诗人和科学家气质的博物学家的文字

说明。沃茨这样描述了她在大烟山遇见三瓣玉兰的经历："我站在坚硬的现代道路旁，在一辆闪亮的现代汽车边上，我用一双善于抓握的现代的手，捧住了玉兰花折射的月光，六月黄昏里温暖幽暗的光，似乎渐渐明亮起来，变成了温暖的曙光——年轻的大地上，芬芳的黎明。我想象身后有爬行动物走过后留下的宽大的水坑，并假装看到了从未有人见过的景象——那是大自然中绽放的第一朵艳丽的花。"

两年前，我只知道荷花玉兰有三个阶段。首先是含苞（非常优雅的火焰形物体），然后是绽放（"足以让近乎失明的人感到愉悦。"园艺作家亨利·米切尔（Henry Mitchell）写道），最后是果实（实际上是蓇葖果，但常被叫做球果）。玉兰的球果在秋季变为绯红色或红褐色，里面有菜豆大小的红色或橙色种子，是花艺师钟爱的一种花材。我也见过这些鲜艳闪亮的种子通过一根根有弹性的丝线，神奇地与球果相连，这些丝线可以拉长，就像太妃糖一样。我还注意到，有时这些种子可以吊在丝线上，在风中晃动，这对于招徕鸟类和小型哺乳动物很有用。也许我看到过这些阶段之间发生的事，但没有留下印象。

于是，我开始寻找。由于我咨询过一位从事玉兰杂交的专家，也访问过几个相关的网站，让我找到了我看到的现象的名称，因此我可以用植物学术语来描述我看到的一切。我不得不重视这两项活动的重要性，因为有人来佐证你看到的现象，可以帮助你看得更多。以下是我花了一

前页

荷花玉兰不仅花大，名声也大，因此备受关注，但这种花的许多微妙细节常常被人忽视，如脱落的雄蕊集中在碗状的花瓣中。

右上

随着荷花玉兰花朵的发育，花序轴的上半部分长出卷曲的柱头，下面则长出带状的雄蕊。

右中

荷花玉兰的子房外覆满卷曲的柱头和绒毛，细看非常明显。

右下

放大图显示出荷花玉兰柱头的表面有黏性，便于捕捉花粉。

个夏天观察到的玉兰花发育过程中的主要现象。

玉兰的花瓣（实际上是花被片）变成棕色时，看起来似乎想保护发育中的球果。它们逐渐收缩，有时会在球果周围形成一个碗状。如果朝里面看，你会发现有些昆虫在活动，但它们并不喜欢你的唐突造访。当大部分花瓣脱落后，通常会有一片——有时是两片——老化的花瓣，盖住球果的顶部，就像一顶贝雷帽，让球果看起来英气十足。

荷花玉兰的球果大小和形态各异，这取决于它们成熟的方式。7月中旬，我树上的球果约2.5英寸长，形状像兔脚。每个球果覆满绒毛，但柔软如丝，它的质地像被子一样，因为它的内部是一个多孔的结构。每个孔（或心皮）的顶部是一个小小的深褐色的钩子，这是柱头，或花的

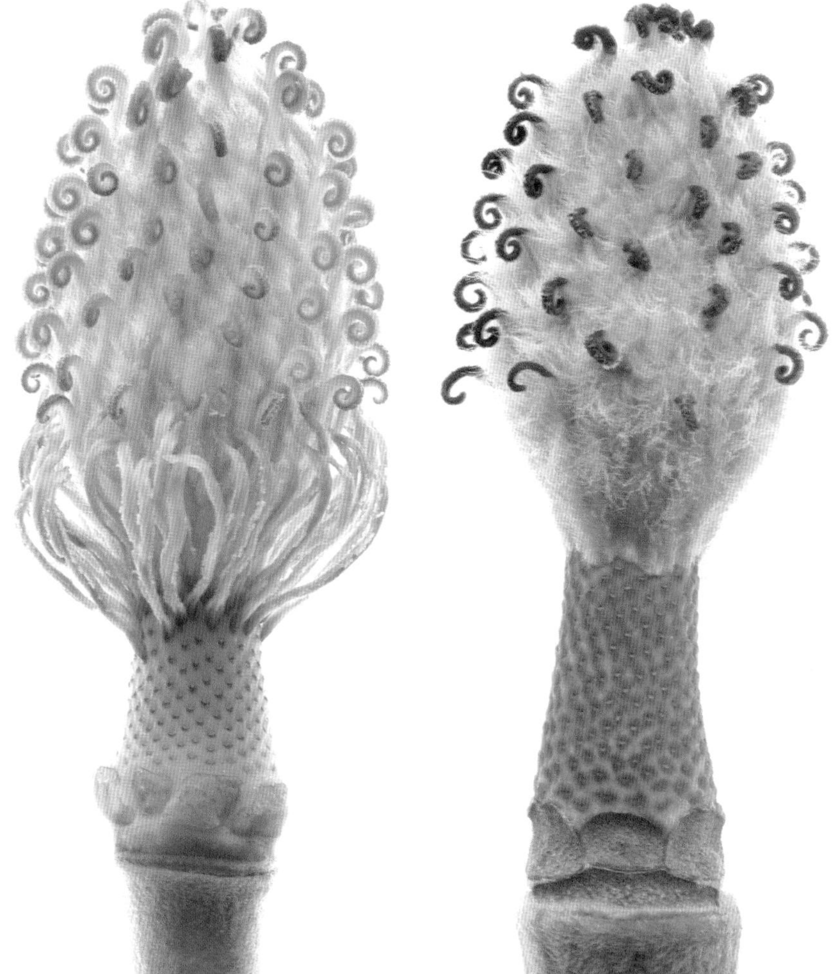

雌性部位的残留物。球果长在一个曾经长满雄蕊的圆柱体上。圆柱体上有一些粉红色、红褐色或浅褐色的斑点，标记出那些带状的白色附属物（雄蕊）曾经着生的位置。雄蕊脱落后，下方紧贴的凹形花瓣会将它们接住，把这些白色到棕色的废弃物聚拢起来。

雄蕊柱的下方是深色的木质状花瓣痕，是花瓣脱落的位置，再下面是一个漂亮的底座（花序梗），约1至3英寸高。在我的玉兰树上，这个底座覆盖着一层毛茸茸的肉桂色柔毛，看起来如此均匀，线条分明，好像机器加工的产品。毛茸茸的球果、带波点的雄蕊柱、木质的花瓣痕，再加上线条分明的底座，巧妙地组合在一起，显得精雕细琢，仿佛应当是某个博物馆陈列柜中的展品。我摘下一个球果，放在厨房的桌子上，

左页

一个发育中的荷花玉兰球果（蓇葖果）。（左）花朵卷曲的柱头为金棕色，有些雄蕊还没有脱落。（右）花朵卷曲的柱头为深褐色的，雄蕊已完全脱落。

右页

荷花玉兰的球果释放出种子，用太妃糖般的丝线吊着。

结果几十个客人——全都是南方人——惊叹不已，但都不知道这是什么。

但树上将要发生的一切才刚刚开始。随着球果慢慢长大，心皮（被子中的孔）逐渐膨大，随着内部种子的发育，变得臃肿起来。最后，心皮从中间裂开，后翻，然后就像女人娩出婴儿一样，包裹着橙红色外皮的种子喷薄而出。如果看得够仔细，你会感觉像产房里的母亲一样，为这个奇迹欣喜若狂。

玉兰种子出生的奇迹还伴随着其他非凡的事情。在观察的过程中，我曾经遇到雨天，雨水敲击着玉兰树叶的声音，就像敲打在铁皮屋顶上的雨声一样。有一天，蝉声和玉兰的芳香融合成了一种夏天的气息。还有一天，一片叶子从树的顶部落到地面的声音，让我想到了弹珠机，那

近观荷花玉兰吊在丝线上的种子。

片叶子一路波折，从一根又一根树枝上弹开，最终落地。

最后，我最喜爱的是追踪雨后的玉兰的小细节。有时候在荷花玉兰树下，你会发现一片卷曲后背面朝上的叶子。在我的这些树上，叶背呈肉桂色，打湿后变成咖啡色。当雨水在这样的叶子中聚拢，最终形成一个颜色很深的小水坑，看起来像液体状的红木。这是我所见过的最深的棕色。像玉兰的果荚一样，把这些小小的树叶池塘带到室内也很有趣，它们可以持续好几天，慢慢地干涸，颜色也逐渐变浅。这些树叶池塘虽然小而短暂，却和这些大树的硕大花朵和美丽果荚一样令我动容。如果说荷花玉兰是一首史诗——宏大、厚重、曲折——这些小小的树叶池塘就像俳句，短小却深刻。

北美鹅掌楸（*Liriodendron tulipifera*）

首先，我承认，12年来，我一直想砍掉我家前院里的北美鹅掌楸。大多数时候，我认为它不是一棵树，而是一根水管，把水从我的花园里吸走。由于它在整个景观里的位置——被房屋、电线和其他树木环绕——因此你只能看到它的树干（如果抬头向正上方看，还有它的树冠的底部）。我隔壁邻居家的北美鹅掌楸还有部分树枝伸到我的二楼窗口，姿态很优雅，但我前院里的这棵则像大多数树林里生长的北美鹅掌楸一样，树干上50英尺高的位置才长出第一层枝干。不错，它那枝繁叶

茂的树冠确实能为我的房屋遮阴（并提供夏季的凉爽等生态服务，这也是我们看重树木的地方），但对我来说，它的主要角色仍然是一根贪婪吸水的木柱。

从它身上落下的杂物让我想起它还是一棵树。有一年的4月，我正在试图说服我的丈夫（和我自己）把这棵北美鹅掌楸砍掉，并取得了一些进展，这时我第一次发现了它落在地上的花朵。北美鹅掌楸的花常常连着花梗和叶片一同落下，所以花朵可以直立着轻松着陆。我知道松鼠喜欢北美鹅掌楸的花苞，所以你会在地上看到啃咬过的花苞，但我不知道为什么这些缀满花朵的树枝也会落下来。不管怎样，仿佛为了得到心怀不满的园丁的重视，这些花常常突兀地落在花园里，而且你瞧，它们看起来很美呢。有一年的四月下旬，一朵花甚至落在了我放在树根部的鸟盆里，看起来就像一朵黄绿色的睡莲。有着浪漫想法的人可能会把这看作树木祈求饶命的信号，我也想到了这一点，但事实是，作为一个爱树的人，我却有一些狠心。我的北美鹅掌楸最终守住了它的地盘，但不是因为它的献花打动了我，而是因为它太大了，要把它砍掉会很困难（而且昂贵），而且我作为树木爱好者，也不好意思把它砍掉。就像其他一些出于不足称道的原因保留下来的树木一样，尽管不符合一个人一时的喜好，这棵树还是可以继续生长下去。

奇怪的是，尽管我对这棵树的态度很矛盾，但总体上我还是很喜欢北美鹅掌楸，而且我认为它们是最值得观赏的物种之一。由于这个物种广泛分布于美国东部，而且花叶都不同寻常，所以它往往是孩子们在园艺学校里最先认识的树，但关于这种树，琼斯小姐告诉你的可能还不够多。北美鹅掌楸芽苞的“包装”比第88页的描述更加复杂。北美鹅掌楸的幼叶被一对祈祷的手一样的托叶（叶状的片）包住，先是像情人节贺卡一样折叠起来（沿着中脉），然后翻转过来（叶柄弯曲，叶尖向下）。看起来像是巧妙地装进了一个平邮纸箱里。在这第一片折叠的叶子后面，是许多像俄罗斯套娃一样层叠的叶片和叶柄，它们都会在春季

从一叠紧贴在一起的托叶中冒出来——先是一片折叠的叶子，然后是另一片，还有一片——形成一种有趣的样式。

北美鹅掌楸的冬芽是最容易识别的一种，它那肥大的绿色顶芽（以及侧芽）从鲜艳的绿色变成暗红色，有些还披着一层灰白色的外衣，看起来好像用杀虫粉剂喷过一样。北美鹅掌楸的另一个明显特征是其较大且近圆形的叶痕，其间还间杂着零星的维管束痕。如果你能找到一棵北美鹅掌楸的幼苗（或者一棵嫩枝较低的树），你会发现它光滑的树皮上有着非常明显的皮孔（表明空气交换位置的白点）。如果你用指甲轻蹭树皮，这样的树枝会散发出宜人的气味——有点像陈年的薄荷脑。

北美鹅掌楸的树叶形状很有名——有四个大裂片（尖的部分），叶的先端不尖锐，而是下凹，像马鞍形。其标志性的形状（被描绘得最多）也让人联想到郁金香的形状，但北美鹅掌楸的树叶变化之丰富是大多数人没有意识到的。同一棵树上的叶片形状也有不同，而且更重要的是，在一个国家的不同地区，以及同一个区域的不同位置，也会有所不

前页

这根树枝上有两朵美丽的北美鹅掌楸花，还有上一季的球果的木质中轴。

左页

一片新叶从北美鹅掌楸顶芽的旁边冒了出来。

右页

这根小小的北美鹅掌楸树枝体现了六个有趣的特征。找一找（从下到上）叶痕、托叶痕、一个棕色的小侧芽、浅棕色的托叶（向后卷曲）、一个较大的绿色顶芽，还有一片新叶。托叶在冬季保护着顶芽。

同。事实上，长在山区、山麓和沿海平原的北美鹅掌楸，叶形都各有其特点。有些北美鹅掌楸的叶子比较方，有些裂片较明显，有些叶缘的突起较多，但它们都是流畅均匀的绿色，正面光亮，背面发白。

由于北美鹅掌楸的叶柄很长，而且叶片面积较大，因此容易在风中大幅度摆动。可能正是因为这样的摆动，使它与原本不相关的，仅是摆动得更厉害的杨树联系了起来，它才得名"郁金香杨树"（Tulip Poplar）。但我认为北美鹅掌楸的叶子最引人注目的地方还是秋叶的颜色。秋天北美鹅掌楸的落叶常常被形容为"奶油黄"，但对我来说是许多颜色的组合，而不是单一的颜色，构成了北美鹅掌楸在秋季的典型样貌。在夏末和秋初（尤其是夏季较为干旱的情况），一些北美鹅掌楸的叶子一半是金黄色，一半是深棕色，而其他叶子仍是绿色。这样的组合让整棵树呈现出一些规则的图案，就像老式的印花布一样。再过一些时候，或者在多雨的年份，我看到的北美鹅掌楸就变成各种黄色和各种棕色的组合，而不仅仅是黄色了。

北美鹅掌楸的花也很奇特。首先，在乔木的花朵中，它们非常大。在一棵高达100英尺，有时甚至200英尺的常见温带树木上，你

很难见到直径为1.75英寸的花朵。有人曾戏称，北美鹅掌楸的两大优势——高度和美丽的花朵——会相互抵消，因为你需要借助吊臂车，才能在100英尺高的大树的树冠上看到它的花。大多数温带树木的花朵较小，是风媒花，而北美鹅掌楸（木兰科植物）的大花可以吸引授粉者。由于北美鹅掌楸所属的鹅掌楸属在冰河时代已经在欧洲和世界其他许多地方绝迹，所以在17世纪中期，当这种美丽的花树被重新引入欧洲时，引起了很大的轰动。17世纪的植物采集者们央求新大陆的开拓者和殖民者们将这种树送给他们，当北美鹅掌楸首次在英格兰（彼得伯勒伯爵花园）重新开花时，据说“远近的人们纷纷赶来……欣赏它的美丽”。

北美鹅掌楸的花不仅在树木的花朵中格外大，而且它的颜色和结构也

左页

北美鹅掌楸值得观察的特征包括叶片长长的叶柄和叶状的托叶，它们会在嫩枝上生长一段时间。

右页

在北美鹅掌楸的冬枝上寻找休眠芽、近圆形的叶痕，还有环形的托叶痕。

值得注意：6片绿色到浅黄色的花瓣，基部有着夺目的橙红色斑点，花瓣下面是3片萼片，优雅地向外翻折，在花瓣组成的碗状结构中，有一圈30多根带状的雄蕊围绕着密集排列的毛刷状雌蕊柱。这样的排列在人眼看来非常引人注目，而且幸运的是，对苍蝇、甲虫、蜜蜂、熊蜂也是如此，因为北美鹅掌楸需要这些昆虫来帮助花朵授粉，而且要快。我在美国农业部的一份资料中了解到，北美鹅掌楸必须在花开后很快完成授粉，“柱头（雌蕊的黏性顶部）为浅色，肉质；棕色的柱头就无法接受花粉了”，而且接受花粉的时间通常只有“白天的12到24小时”。似乎这种树把大量的精力投入到了硕大美丽却短暂的花朵身上。

在4月和6月之间找到北美鹅掌楸的花，然后是它们的球果（实际上是聚合翅果）。这些聚合的翅果约3英寸高，1英寸宽，形状有点像修颜刷，成熟时会从绿色变成浅棕色。每个聚合果大约有70枚翅果，围绕着中轴，像层叠的刀片一样排列，到了秋季和冬季，你会在树梢看到它们经历的不同阶段。当翅果几乎落光，仅剩最下面的一圈，像花瓣一样环绕着中轴，看起来就像花一样。即便翅果全部落尽，被风吹散后，球果突起的中轴在树梢上也十分明显。你经常可以在地面上找到带着宿存球果（包括木质中轴）的北美鹅掌楸树枝。

或许有人会说，在冬季，北美鹅掌楸的球果比它的春花还要夺目。当然，球果更加显眼，因为它们没有树叶遮挡，而且在树上停留的时间更长，可达好几个月。琼斯小姐真应该跟我们说说这些球果，因为它

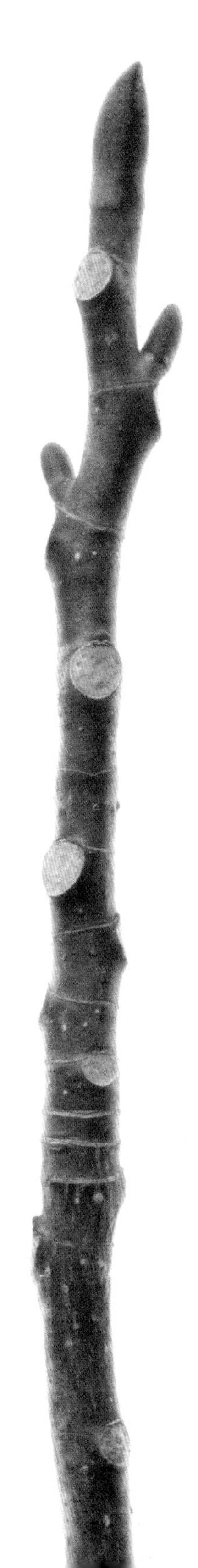

们使得北美鹅掌楸在冬季特别容易辨认。而且因为有这么多的北美鹅掌楸生长在北美东部林地的公路旁（以及世界其他引种了北美鹅掌楸的温带地区），所以成千上万的人，只要他们认识北美鹅掌楸的果实，就可以经常认出这些树木。

大型北美鹅掌楸的树梢有数百个，有时甚至有数千个球果。当光线照射到这些球果上，这些树就会像烛台一样熠熠生辉。北美鹅掌楸翅果的浅棕色薄片的反射性似乎特别强，又或许是因为冬天的阳光角度低，它们确实会像蜡烛一样闪耀。我和丈夫喜欢在12月31日那天徒步旅行（告别一年的好方法），那时北美鹅掌楸发出的光就像纽约时代广场的霓虹灯一样让我们激动不已。

利用风媒传播的北美鹅掌楸种子结构（翅果）虽然往往被人们忽视，但将它们与球果分离后，也十分有趣。当你开始留意它们，你就会发现，它们在地上非常常见。1月份，我在弗吉尼亚州汉普顿的一个报告厅前偶然发现了一枚北美鹅掌楸的翅果，但只有一个。我仔细地寻找它

左页

许多翅果像层叠的刀片一样围绕着中轴排列，这是北美鹅掌楸的球果（聚合翅果）的一个特征。

右页

北美鹅掌楸含有一粒种子的翅果随风飘散。

的母株，但没有找到。书上说，它们可以随风飞行600英尺，不过这枚翅果一定飞了不止那么远。之前的11月份，鲍勃说他的人行道上堆积了许多北美鹅掌楸的翅果，然后在100英里外的我家，一场12月的雪让它们纷纷落下。事实上，它们落在雪上，像树的影子。每枚刀片形的翅果约1.5至2英寸长，顶端有一个带尖角的枯萎状突起，它的种子就在这一端。如果里面有种子的话。有一次，我随便用指甲撬开北美鹅掌楸的翅片，想找到里面的种子，结果我与一位植物学家进行了数周的密集通信，只为搞清楚为什么我找不到种子。有一封邮件的开头是这么写的："南茜：我一直在反复思索北美鹅掌楸种子的问题。几天前，我在科学中心门外的人行道上拾到一根树枝，上面有几个聚合翅果。多方便！我用刀片切开了几枚翅果的基部，结果这批翅果全是不育的。"看来只有少数北美鹅掌楸的翅果含有活性种子（只有约10%）。虽然没有人证实过，但我认为这么低的生育率一定与花朵接受花粉的时间短有关。

当我在北美鹅掌楸的翅果中寻找种子时，我又想到了关于我为什么

没能找到种子的另一个假设。“成熟后，它就会消失”是园丁们喜爱的一种餐巾纸上印的一句话，那么冬季采食北美鹅掌楸种子的鸟类已经把大多数可育的种子吃掉了？这个想法让我对哪些鸟类采食北美鹅掌楸种子做了一些调查。书上说紫朱雀（*Haemorhous purpureus*）和北美红雀（*Cardinalis cardinalis*）是主要采食者。虽然北美红雀是弗吉尼亚州的州鸟，它和北美鹅掌楸在我周围都很常见，但为什么我从未见过北美红雀采食北美鹅掌楸种子呢？我在网上看到的一篇博客文章更加深了我的懊恼。弗吉尼亚州费尔法克斯县的弗里德里克·阿特伍德（Frederick Atwood）写道：“北美鹅掌楸的翅果飘落了。我之前听到一只紫朱雀飞过时的鸣叫，所以我抬头向高大的北美鹅掌楸望去，希望能看到它的身影。结果我看到三只家朱雀（*Haemorhous mexicanus*）和一只北美红雀在那里安静地用舌头和喙拨弄北美鹅掌楸的种子，从中取出一点点食物。”如今我真的很急切地想要看到北美红雀采食北美鹅掌楸种子的景象。也正是这样的强烈愿望，使得树木观察者的世界充满魔力。我想北美红雀采食北美鹅掌楸种子的画面在我家附近应该是司空见惯的，但在你没有亲眼见到之前，依然弥足珍贵。

最后，北美鹅掌楸还有两个值得观察的特征，就是它的形体和树皮。北美鹅掌楸与生俱来的潜质不仅包括高大，还有壮实：美国最大的北美鹅掌楸树干直径超过9英尺。在弗吉尼亚州，北美鹅掌楸是林地里数量最多的树种。丹尼尔·布恩用这种树造出了60英尺长的独木舟，查尔斯·弗雷泽在《冷山》里说它让人想到竖起的火车头。那棵让我成为一名树木追逐者的树是位于弗吉尼亚州贝德福县的一棵北美鹅掌楸（又一棵直径超过9英尺的庞然大物），我得翘班，加上驱车155英里，才能见到它。直径超过9英尺的树不会让你失望，特别是你独自在树林里找到它的时候。（不幸的是，这棵树已经被一个住宅小区和铁丝网围了起来。）在条件适宜的地方，北美鹅掌楸生长得很快，所以一棵高大的北美鹅掌楸未必已有很长的树龄（贝德福县的这棵北美鹅掌楸生长在有助于增加胸径的小溪旁），但是这个物种打破了生长快必然寿命短的惯例。北美鹅掌楸的平均自然死亡年龄是200至250岁，个别树木可以活到500岁。如此长寿的树种，能够得到这样的评论实属难得：你种下它之后一定要离它远一点，不然它长着长着就会撞在你的下巴上！

我学会了一个识别北美鹅掌楸年龄的方法，即查看它的树皮。写到这里，我有一些不安，因为我还没有见过关于这一特性的书面讨论，我也不是研究树皮的专家。以下是我的所见。当我和丈夫去北卡罗来纳州的乔伊斯基尔默国家森林参观那些传说中的北美鹅掌楸时，我以为它们的树干下部遭到了故意破坏，因而深感震惊。这些树干看起来光秃、斑驳，似乎被剥掉了树皮，我还以为是游客（破坏者）把这些树的树皮带走了。后来，我又在谢南多厄国家公园看到了一些同龄（但更隐蔽）的北美鹅掌楸，也在树干下部发现了类似的疤痕，我才意识到，这一定是北美鹅掌楸老树的一个特征。我通过个人观察获得的这点学问，比我从其他人那里学到的知识有着更加重要的意义。试想一下，当我走在朋友的花园里，注意观察那些地面上的植物，而非树木时，忽然看到了一棵“老北美鹅掌楸”，我该是多么欣喜啊！我先是在庞大树干的根部发现了北美鹅掌楸特有的斑驳树皮，然后抬头看去，没错，果然是北美鹅掌楸的鞍形树叶。

这让我再次想到我家前院的那棵北美鹅掌楸。为了看看别人眼中的北美鹅掌楸树皮，我对这棵不受宠的树的树皮进行了仔细查看，结果发现那些广为人知的描述对我毫无帮助（他们说“有深沟”，但是跟什么相比呢？），不过我在《西布莉树木指南》（*The Sibley Guide to Trees*）一书中找到了真正有用的东西。西布莉写道，北美鹅掌楸的“成熟树干有着轮廓分明的隆起，凹槽颜色较浅”，并附上了一幅有用的插图。那些颜色较浅的凹槽看起来清楚无误，因此我到外面去进行观察。我先查看了我那棵树的北面，那些凹槽不但不比隆起的颜色浅，反而看起来更深（是不是因为在背阴一侧的缘故呢？），但当我绕到南面，果然：凹

槽的颜色明显比隆起的地方浅，不但如此，我绕到树的西侧一看，隆起有些呈残破状，正如西布莉的插图所示。在西面树干的底部，隆起的图案更像是箭尾形，而在树的根部，就在我珍视的羽脉野扇花（*Sarcococca hookeriana*）旁边，我看到了我认为北美鹅掌楸的老树特有的光秃、斑驳状的树皮。

这次发现之后不久，有人让我去几幢房子之外的院子里看看那里的北美鹅掌楸，我在那里找到了同样的纹路，只有较大的树木的北面和东面才有深凹的树皮和更多的蓝绿色地衣。其中一棵树的根部直径超过5英尺，它底部的树皮秃得很厉害，看起来像一棵老树。事实上，这个邻居的院子正是以一片壮观的老北美鹅掌楸而著称，我之前还没有好好探索过。房主告诉我，她的维多利亚式房子建于19世纪90年代，使用的木材都来自这块地出产的北美鹅掌楸。

忽然间我的北美鹅掌楸仿佛成了本地部落的一员——它还太年轻，不可能是我邻居的这些树的后代，但很有可能有亲缘关系。虽然我仍然不喜欢这棵北美鹅掌楸，但由于它与这块地的长期联系，与我在树下种植的其他植物相比，它显得更有价值。

左页

前一季球果（聚合翅果）的残留物常常在新叶萌发时仍挂在北美鹅掌楸的树枝上。

右

北美鹅掌楸花朵的中央是带状的雄蕊和浅绿色的雌蕊柱。雌蕊柱将会发育成聚合翅果。

美国白栎（*Quercus alba*）

诗人的孩子问他，整日在房间里安静地待着，是在做什么，诗人答道："我在工作，工作，工作。"这些话出自保罗·齐默（Paul Zimmer）的一首诗，有一天，当我躺在美国白栎树下的吊床上，身体轻轻摇摆着，仰望着美国白栎的枝梢，突然想起了这句话。"我在工作，工作，工作。"我也可以这么说，因为我正在尽职地从一个新的角度观察美国白栎。看到我的人都不会相信，但实际上，我确实在改进我的观树活动。很少有什么学科会涉及吊床，但我找到了一个合理的理由，可以多花点时间在我的吊床上。

我曾经想过，要真正欣赏一棵树，应该花点时间，以树木的方式体验一下这个世界，也就是静止不动。我想看着我的栎树的栎果成熟，体

尽管这根树枝上只剩下一片叶子，但许多栎树，包括美国白栎的叶子，都会留在树上过冬。

验它根深蒂固的坚定，并观察那些造访它的枝梢、树皮和叶片的小动物。这些我没有一一做到，但我所见到的一切已经足够精彩，足以让我向人们宣扬从吊床的角度去观察树木的好处。直接仰望一棵树和从旁观察是截然不同的。改变的不仅是你的角度，还有你看到的结果。以平躺的姿势观察就像跪在地上祈祷一样谦卑。“这一定就像浮潜一样。”我第一天像这样观察树木的时候想到，因为我在这棵我已经认识了36年，我以为非常熟悉的树上看到的现象，就像热带鱼一样新奇。我像浮潜必须体验的海洋深度一样，体验到了这棵树的高度，而且更加震撼，因为这些现象过去几十年来一直在我眼前。

关于我从吊床上看到的一切，有太多东西值得说，不过我印象最深、最难忘怀的大多与树皮、蚂蚁、蜘蛛网和天气有关。有一本英国的书很好，名叫《栎树的自然历史》（*The Natural History of the Oak Tree*），它会提醒你观察栎树上数以百计的鸟、飞蛾、甲虫、小昆虫、蜘蛛、其他无脊椎动物、真菌、毒蝇伞、地衣和苔藓，虽然不同地方的物种可能会有所不同，大致的种类都与这些有关。说到一棵栎树上的居民，不要把它们想象成一个小群落，而应该是像新德里和东

左页

要欣赏一棵巨大的美国白栎的形体和树皮，不应直视，而应该仰望它的枝干。

京这样的大都市，因为树上住满了各种小动物，它们有些太小，或者太隐蔽，很难看见，但有些，像蚂蚁，就非常明显。蚂蚁会利用你和你的吊床绳索作为交通工具，到达它们的目标树，但最让我感兴趣的是它在树皮上活动的方式。看着它们在树干的树皮公路上上下穿梭（并且进出它们栖身的缝隙），让我更加清楚地看到树干上多样的地形。我可能已经读过一般关于美国白栎树皮的描述，其中用到“不规则的片状”等词语，根本无法让我形成视觉图像，但跟着一只蚂蚁沿着一棵美国白栎的树干向上爬，就像在大脑中探索一幅三维的树皮图像。

在望远镜里，我的老白栎树的外部即是一片活的景观，水平伸展的枝干上长着像地被一样的蓝灰色地衣和翠绿的苔藓。那里的树皮像层状岩石一样层叠着，有些树皮之间有1英寸的空隙，形成了一些小小的洞穴。那些突出的树皮能像遮阳篷一样为蝴蝶遮风挡雨、为蝙蝠提供栖息地，为蜘蛛提供藏身之所，为蛾茧提供庇护。我还没有见过一只蝙蝠从这片树皮下的栖息地里钻出来，但我知道它们在那里；我见过它在黄昏时飞行。在树的其他部分，包括它的两根主干上，有一些平滑的斑块，那里的树皮发灰；有些冲突多发的区域，树皮的纹路被伤口打乱了；而有些片状的区域，树皮非常松散、破烂，看起来像竖起的鸟羽。

在观察树皮的时候，我看到阳光和露水让很少见到的蜘蛛丝串在这些树干和树枝之间。这些丝线并不是一时清晰，一时模糊，而是时隐时现。事实上，我在这棵树上见到的最好的一张网只出现了30秒左右。在那30秒里，它十分清晰——通过拉索连在两根树干上，它的精致与树干形成的鲜明反差使我想到了菲利普·帕蒂（Philippe Petit）在世贸双子塔之间架起的钢索。蜘蛛网本身只有小煎锅大小，但几秒之后，在傍晚的光线中，一些辐射状的丝线呈现出一种神秘的泛金的蓝绿色。然后光线改变，整张网都不见了。

当我躺在下面仰望我的美国白栎的树冠，这棵树显得比其他角度似乎更加高大繁茂。我可以看到树的最顶端，它自身的结构（和专业的修

美国白栎的新叶颜色从浅粉色到暗红色，再到粉绿色不等。

美国白栎的嫩叶长着柔软的绒毛，有助于保留水分。

剪）给每一个分枝都留下了足够的空间。仿佛这些分枝之间达成了某种共识：好的，你去那边，我留在这边。它的大多数枝叶也是如此。微风吹过时，树顶的颤动——上面是另一个生态区——和树冠上的风声（不同类型的风）让我深感惊讶。纯粹从戏剧的角度来说，在白栎树下观看的最激动人心的表演莫过于暴雨降临的景象，风声四起，树叶狂舞。不知为何树的顶部能如此肆意地摆动，而树干的下部仍岿然不动。当然，雷雨时待在大树下不是明智的做法，不过那也许是这棵树经历的最猛烈的暴雨，当时我就站在附近的屋檐下，看着它的一根主干轻轻摇动。那大约是在20年前，我当时就知道我看到的景象不同寻常。此后我再也没有见到两根树干的下部摇动过。

不只是从我的吊床上，从其他任何角度来看，我的美国白栎都已经是一棵老树，而且很可能已经进入衰退期，但当我思考白栎树的死亡时，我总是想到一句格言。白栎树能活600年，据说200年是生长期，200年是存活期，200年是垂死期，所以即使我的树已经进入衰退期，也许还能活很长一段时间。大概每个家有巨大白栎树的人，都忍不住猜测它们的年龄，我也不例外；但是直到我抽出时间躺在吊床里想这件事的时候，我才认真计算了一下，然后意识到，也许在第一个英国人在弗吉尼亚州定居的时候（1607年），它就已经存在了。它或许没有那么老，但即使它现在只有100或200岁，只能再活个50年，就凭它经历过的那些挫折，也值得给予它某种表彰。仅我所知道的就包括足以将我们县的红黏土变成尘埃的干旱；铺天盖地的天幕毛虫，让它在接连几年的春天里不得不长出两批树叶才能继续存活；飓风卡米尔、艾格尼斯、胡安和伊莎贝尔，还有那次让它的一根主干颤抖的无名暴雨。花费数百年建成的欧洲天主教堂令游客们惊叹，但我们身边就有许多历史同样悠久的树木，却很少得到认可。

在庭阴树中，美国白栎（*Quercus alba*）在我眼中是最有价值的。不仅因为它能活得特别久，而且因为它有着典型的遮阴栎树的树形。许多长在野外的白栎树长得高宽等长，均为80到100英尺，结果就是亭亭如伞盖。由于它们长得大，所以占地面积也大，需要1/4到1/2英亩。当我看到有人在一块可以容纳一棵白栎的地上种了一棵寿命不长的小树，我大吃了一惊。尽管它们的分布范围覆盖了美国东部的大多数地区，但真正既宽阔又安全，足以供白栎树度过其漫长一生的地方并不多，所以把这样的地方浪费在一棵寿命不长的小树身上，真是可耻。我本人把白栎树种在了它的理想位置偏东30英尺的地方，并且几乎每天都为此决定懊恼不已，所以我建议在种植白栎树时，应当像为一座新城市选址一样深思熟虑；考虑到将要在栎树上栖身的各种生命形态，两者确实可以相提并论。同样的，当你砍掉一棵老栎树时，也应想想这会造成多大的破坏。要理解砍掉一棵树的影响，应该读读默温（W. S. Merwin）的短文《别砍树》，其中叙述者提供了关于重建一棵树的说明，十分令人痛心，其中包括重新安上所有的鸟巢、树枝、苔藓，最后的结论是，这样的结构与真正的树不同，它十分不稳定，天上云朵的运动都可以把它推倒。

白栎树值得特别关注的特征还有它的树叶、花朵和栎果。白栎树叶是最容易识别的树叶之一。它们沿着小枝互生，通常为4至10英寸长，并有5到9个圆形的指状裂片，基部楔形。在春季和夏季，叶子正面是绿色到蓝绿色，背面是较浅的苍绿色（不过如果从吊床的角度仰望过去，它们在阳光下呈背光状态，成为生机勃勃的黄绿色之间的阴影）。虽然它们的秋叶颜色没有特别的名气，但一些白栎树秋叶有着丰富的色彩，包括酒红色和砖红色，然后变成棕色，而且许多棕色的老叶直到来年初春才落下。3月中旬，当红花槭盛开时，我的白栎树上仍然挂着许多老叶子。

不过，我认为白栎树的新叶是最美的。当它们萌发时，就像成年叶子的缩微版，颜色从浅粉色到暗红色，再到粉绿色不等。幼叶覆盖着一层细毛（稍后会脱落），看起来柔软如棉花，让人不禁去碰触。但白栎树幼叶的细毛是为树木，而不是为触摸它的人服务的。植物学家将叶子的一项重要功能描述为树叶以水换取二氧化碳的交换站。对树来说，在交换中失去的水越少越好，而白栎树幼叶（和其他叶子）上的细毛有助于减缓水分流失。

白栎树叶的另一个有趣之处在于它们在生长过程中会产生单宁，使得它们对大多数毛虫来说不够美味，且难以消化。在《栎树的自然历史》一书中，戴维·斯特里特（David Streeter）讲到毛虫必须根据栎树叶萌发的时间把握好它们的孵化时机，因为如果过早孵化，它们就会饿死。如果孵化得太晚，它们也会饿死，因为那时的叶子已经太硬，而且全是单宁，变得无法食用。我家附近的天幕毛虫看来完全掌握了这个时机，因为有几年，它们几乎把我这棵位于白金汉县的白栎树的树叶啃食殆尽，让它不得不再长出一批新树叶。舞毒蛾幼虫是栎树的克星，不过目前在我住的地方尚未泛滥，它们也出现得很早（但不像其他一些毛虫那么早），而且我听说它们对单宁有一定的耐受能力。

当白栎树的叶片萌发时，就可以开始寻找它的花了。雌花和雄花同树，但会形成不同的花序。雄花聚集在穗状的柔荑花序上，它们出现得较早，最容易看到。我日记上的记录让我想到有一年的4月3日那天，我院子里的一棵白栎幼树（不是吊床上方的那棵）的黄绿色柔荑花序只有1英寸长，仍然是向上直立生长，叶片当时约0.5英寸长。到4月16日，同一棵树上的柔荑花序已经长到3至4英寸长，并垂了下来：叶片约2英寸长。雄性柔荑花序上的一排排小花很快就会成熟，撒下花粉，变成棕色，然后落到地上。它们常常聚集在人行道边和路旁，并变成深棕色。

白栎树的雌花就很难见到了，至少要等到授粉完成后，开始形成栎果的模样，才能见到。但如果你真的想要与这棵树亲密接触，你会希望看到授粉前的雌花。不幸的是，这种现象从我的吊床上是看不到的，因为我的老白栎树开出的为数不多的花朵都太高了。不过，我在一棵白栎幼树上找到一个开花的分枝，恰好与眼睛齐平。（如果你想观察白栎树的花朵发育成栎果的过程，我建议你用一根鲜艳的纱线或绳子把它们标记出来，因为叶子越长大，就越难找你想观察的那些花和栎果。）像雄花一样，寻找雌花（一般在雄花撒落花粉的时候开放）的时间取决于你的纬度和海拔。美国东部的白栎树开花时间通常是3月下旬至5月中旬。我在4月中旬的弗吉尼亚州中部找到盛开的白栎树雌花（此时旁边的北美鹅掌楸正在落花），但即使在同一个后院里，有些白栎树的开花时间也会早于或晚于其他的树。

雌花的第一个可见标志是在新叶的叶腋出现带红色斑纹的黄绿色块状物。两三个星期后，这块状物（通常是两个或三个）将长出约3/4至1英寸长的花梗，向外突出，长成直径约1/8英寸的小圆球，同时其表面发育成类似栎果壳斗的质地（在这个阶段，它们实际上是每朵花基部的苞片环）。在每个小圆球的顶部有一个突起，看起来像气球绑起来的部分，从这个突起部位上伸出已经接收了雄性花粉的深棕黑色柱头。大约一个月后（在我住的地方是6月上旬），小圆球都有了栎果的模样，带有棕色斑纹的浅绿色鳞片将它覆盖，并且有一个小小的尖（宿存的花柱），但它的形状比较扁平，像一个平放的轮胎。通常两至三个栎果簇生在一起，每个直径约1/3英寸，但发育不良的栎果会被淘汰。在夏季，

长势强劲的小栎果继续发育，发育不良的栎果则逐渐枯萎。到了初秋，发育中的栎果已经长成椭圆形，而且浅棕绿色到棕色的壳斗上已经开始出现绿色的坚果。在9月或10月脱落之前，坚果会变成浅棕色，壳斗也只能盖住坚果约1/4的部位。这些坚果比较小（3/4英寸），但甜美且营养丰富，因此备受各种动物青睐，只要一脱落，就会被它们吃掉。事实上，科学家们说，少量的白栎果往往几乎完全被动物和昆虫摧毁，只有在丰收的年份，白栎果才有机会幸存并发芽。

除了花、坚果、树叶和树皮，白栎树还有数十种其他可以仔细观察的特征，但经常引起我注意的是它的虫瘿和异常折断的树枝。虫瘿是栎树（和其他植物）应对昆虫的一种异常生长。大部分栎树的虫瘿是由小小的瘿蜂引起的，这些虫瘿可以为瘿蜂的幼虫提供食物和住所。虫瘿常常出现在树叶和树枝上，它们不会对树木造成伤害，但让它们看起来很奇怪，令人担忧，促使人们对其进行不必要的

白栎树的雄花呈穗状的柔荑花序下垂。

杀虫剂喷洒。毛球状虫瘿经常在春季出现在我的白栎树上，是一团乒乓球大小的白色海绵状物质。它的表面毛茸茸的，点缀着棕红色的斑点，让人想到烤过的棉花糖。里面是类似小种子的结构，一些身

下左

这个特写镜头显示了雌花从新叶的叶腋萌发。

下右

随着白栎树的花逐渐成熟，你会看到与栎果的壳斗鳞片相似的苞片环，它们最终将发育成壳斗鳞片。

左页

你需要非常仔细，才能在树叶间发现白栎树的雌花。

长不及1/4英寸的不蜇人蜂的幼虫就在其中发育。栎苹果瘿看起来像圆圆的口袋（先是绿色柔韧质地，然后变成棕色的纸质），也是许多栎树观察者所熟悉的。它们也是由小瘿蜂引起的，成熟的虫瘿表面有小孔，可供瘿蜂逃脱。

在我的大白栎树下，以及我家附近的其他栎树下面，包括星毛栎（*Quercus stellata*），我还发现了一些脱落部位异常变宽的树枝。这些树枝通常为6至18英寸长，春季和夏季落下的带着绿色的叶子，夏季后期落下的带着棕色叶子，或者不带叶子。我在我的白栎树下捡起的每根树枝的基部几乎都存在这种不寻常的饼状“延展”。几年前我得出结论，这不是正常的脱落。我曾咨询过数十名专家，但他们似乎都无法解释这一现象。我认为这不是因为蝉的产卵使树枝变得脆弱，也不完全符

初夏时节，正在发育的白栎栎果看起来有点像一个花纹交错的轮胎。此时坚果尚不可见。到了夏末，绿色的坚果长大了一些，壳斗约能盖住其一半的表面积。

合天牛的破坏模式。如果是后者，这些修剪和环切树枝的小动物会留下其特有的颚齿印和卵洞，但这两者在我的树枝上都找不到。修剪树枝似乎不会伤害我的树，而且可能还有好处。在《深夜听马勒第九交响曲有感》（*Late Night Thoughts on Listening to Mahler's Ninth Symphony*）一书中，刘易斯·托马斯（Lewis Thomas）描述了一种令人难以置信的关系：甲虫找到适合产卵的合欢树，然后对产完卵的树枝进行环切，这样幼虫孵化之后就有枯枝可供食用了。含羞树与甲虫的关系本身很有趣，但更有趣的是，照托马斯所说，经过这样的修剪后，合欢树的寿命可以延长数十年。

我不知道我的栎树是否与一种昆虫保持着这样的关系，不过现在我有了双目望远镜和我的吊床观测平台，你可以相信我正在寻找在我的栎树树枝上产卵的昆虫。问题得到专家解答是一回事，通过自己的观察来解决问题是另一回事，而且更有满足感，所以我一直坚持观察。

春季的白栎树树枝上经常出现毛球状虫瘿。

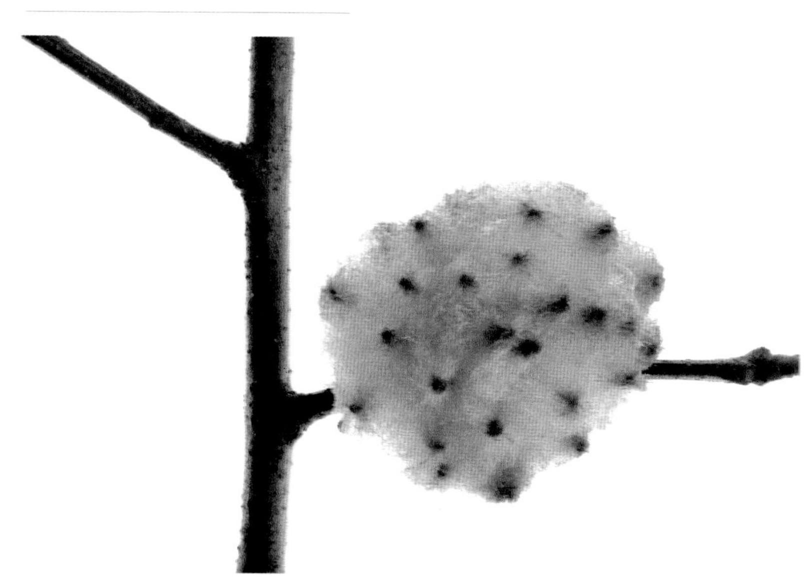

北美乔松（*Pinus strobus*）

“几乎没有人注意过北美乔松种子的成熟和散播！”梭罗在《种子的信仰》中写道。他解释了其中一个原因：北美乔松的球果长在树梢，要攀登到可以够到“晃来晃去的泡菜似的绿色球果”的高度，需要克服的困难包括想办法在用一只手抓住树干的同时，腾出另一只手去握住球果，以及当你的战利品要粘在你手上的松脂上时，如何将其投掷下去。“这是我做过的最棘手的工作。”梭罗写道。

我几乎不好意思承认我的美国乔松调查报告是如何地空空如也。是的，在我抓松果和树枝的时候手指沾上了松脂，但与梭罗相比，我到达一棵美国乔松顶部的过程是异常洁净的。我从兰道尔夫—麦肯学院科学楼的三楼窗口看到了这棵树，我发现我几乎可以直接看到这棵树的顶

部，虽然还是一棵小树，但它已开始结果。借助一副价值1500美元的双目望远镜（借来的），我看到了美国乔松的雌“花”和未成熟的球果。“很少见，即使对学习植物的学生来说也是如此”是沃尔特（Walter E. Rogers，《森林、公园和路旁树木的花朵》）对北美乔松“花朵”的特征描述。在这种情况下，少见是可以理解的，因为借用梭罗的另一句话，北美乔松的雌球花也是“人类难以企及的”。

北美乔松的“花”绝对是一个值得寻觅的现象，仅仅是搞清楚它是什么，在哪儿，以及如何更好地观察它，都会让你学到许多关于北美乔松的知识（更不用提最佳树顶观测站在哪儿了）。大多数植物学家并不会用“花”来指称针叶树的生殖结构（针叶树没有真花的子房壁，其胚珠是裸露的），但许多博物学家称这些结构为花，而且北美乔松未成熟的球花虽小，但看起来确实有花的模样。我与它们的第一次邂逅是通过互联网上的一张照片，然后是在美国农业

在这根北美乔松的树枝上，有一个成熟的球果（左）和一些未成熟的雌球花。在图片的中央，小小的雌球花（有时也被称为花）正从新的针叶和叶芽之间长出。

部的一份年代久远的资料中，其中斯波尔丁（V. M. Spalding，1899）描述了“（北美乔松）直立的雌球花的玫红色‘唇片’”。我一定要看一看这些玫红色的唇片。

北美乔松，以及所有松树，都是雌雄同树。雄球花通常位于树冠上中下部，但多数人认不出这些球花。雌球花通常位于树冠上部，需要两个生长季才能成熟，成熟后为棕色的木质结构，即我们都认识的球果。年幼的北美乔松（5至10岁）也能产生球果，但球果在20至30岁或以上的树上更容易找到。在弗吉尼亚州中部，寻找雌性和雄性“花”（或花状物、正在发育的球果）的最佳时间是4月下旬或5月初（比其他松树出现类似结构的时间要晚），此时叶芽也开始萌发。听说在更北的地方，它们会在6月初出现。雄球花像棉签，当花粉囊膨大、中轴延长后，则像玉米。这些1/4至1英寸的椭圆形到圆柱形的结构看起来像微型的菠萝，约有35颗球花绕着中轴呈螺旋状紧密地排列，顶部还伸出一簇新的针叶（像菠萝的苞片）。

左页

放大后的北美乔松新长出的雌球花显示出“玫红色的唇片”，这些雌球花被一些观察者们称为花。

右页

图片中的浅红色结构是北美乔松刚长出的雌球花。

随着时间的推移，雄球花的花粉囊会膨大，开裂，并随风释放花粉，花粉颜色越黄，它们看起来就越像花。与雌球花不同，这些雄球花不会留在树上，它们变长，播撒花粉，变成棕色，然后脱落，散落在地上，状如棕色蛴螬和蠕虫，并很快就分解了。不过，它们存活的时间足够让它们产生巨量的花粉。松花粉有时被称为“黄雪”，不仅会给你的车穿上一层外衣，而且会弥散在空气中，看起来像一团团硫磺色的云。唐纳（Donald Culross Peattie）在他经典的《树木的自然历史》一书中，描述了“土著”新英格兰海岸附近的水手们对这一现象的印象：“当这些无边无际的松林里的雄花开花时，数千英里的森林道路都被这代表强大繁殖力的金色烟雾笼罩，巨大的花粉风暴席卷了原始的海岸，直至大海，被甲板上迷信的水手当作‘硫磺雨’。”

雌性“花”就很难看到了。现在我可以通过双目望远镜看到我的地里的大部分美国乔松树顶的雌球花，但从大学的窗口看得更清楚，更好的是鲍勃给我寄了一颗他采集的雌球花。要拍摄它们时，鲍勃以为自己要爬到树上，但最终他很幸运，在一个郊区停车场旁的北美乔松的树冠靠下的位置发现了一颗成熟的雌球花。鲍勃知道这棵树的“花”开得比较低，所以观察了一下，开始

未成熟的雄球花沿着花序梗聚生，（顶部）还长出了新的针叶，两者合起来像一个微型的菠萝。

寻找新开的“花”，并成功地用伸缩式修枝剪剪下了一颗。值得一提的是，虽然高大的北美乔松是观察其未成熟雌球花的最大障碍，但被风从这些树和其他松树上吹落的雌球花并不少见，这样的破坏有时可以让不可见的东西变为可见。

从远处观看未成熟的雌球花时，应该在北美乔松树冠的上部寻找新叶芽顶部小小的手指状突起。（在其他松树上，它们在叶芽上的位置和方向可能会有所不同）。我没见过特别小（不及1/4英寸长）的雌球花，据说看起来像金绿色的芽苞或肿块，但我见过它们1/2英寸长的时候，圆柱形，已经具有被斯波尔丁描述为“唇片”的边缘为玫红色的鳞片。放大之后，它们的顶端看起来更红，而扇形的鳞片（将成为松果的木质种鳞）看起来完全呈肉质。总的来说，它们非常华丽，绝对值得你去搜寻。

风将附近树木上的雄球花的花粉传给这些未成熟的雌球花，雌球花的鳞片（下面是胚珠）彼此分离，以便接收花粉。然后鳞片闭合，将球花封闭起来，到夏末时就发育成了3/4至1.5英寸长的子弹状球果。它们先是保持直立，随着它们慢慢长大，重量增加，就开始下垂，倒向水平方向。来年春天，这些很容易在树梢见到的一年球果开始迅速变长，直到变成梭罗描述的咸菜状。到了雌“花”绽放的时候，前一年的球果约2.5至3英寸长，呈垂吊状。球果的鳞片呈铜绿色，顶端是有些反光的棕色，在某些光线下具有金属光泽。（在其他光线下，整个未成熟的球果看起来几乎是紫色的。）到了9月，北美乔松的雌球果将长到约6英寸长，其中的种子已经成熟，它们开始变成我们所熟悉的棕色木质松果。其实这有点奇怪，松果在两年的时间里应该经历了许多非同寻常的阶段，但我们往往只关注最后一个阶段，即成熟的松果阶段。

球果、种子、叶芽、针叶——这些都是北美乔松值得仔细观察的特征，你家附近也许没有北美乔松，但可能有其他种类的松树，在这些树上你也可以观察到这些特征。松属的成员在北半球的大部分地区都是原

生植物，它们的栖息地从沼泽直到干旱的山顶。在全世界约100个松属物种中，有三分之一以上原产于北美。在美国（根据美国鱼类和野生动物服务组织的数据），松树仅在部分草原和沙漠地区没有分布。

北美乔松生长在弗吉尼亚州的山麓和沿海平原地带，在我和鲍勃住的地方都有。但北美乔松并不是我家附近最常见的松树。在我和鲍勃启动这个项目之前，我更熟悉的是矮松（*Pinus virginiana*）和火炬松（*Pinus taeda*）。但我们决定关注这个北方的标志性树种，好与本书收录的南方标志性树种荷花玉兰相呼应。北美乔松的天然分布范围像用画笔画了两笔——其中一块包括加拿大东南部和五大湖地区，以及整个新英格兰，另一块沿阿巴拉契亚山脉直至佐治亚州。而且和我在弗吉尼亚州阿什兰的兰道尔夫—麦肯学院看到的树一样，它在其原产地区之外也有广泛种植。

高大和庄严是描述北美乔松的整体外观时最常用到的两个形容词，但森林里的树和公园或庭院的树可能看起来很不一样。庭院和公园的树木生长在开阔地带，通常有着对称的锥形外形（随着树龄增长，树冠逐渐向横向发展），它们轮生的枝干将整棵树完全包住，或者包住其三分之二。然而，由于森林的局限，树木舍弃了较低的枝干。弗吉尼亚州最高大的北美乔松是一棵高达170英尺的庞然大物，它到100英尺左右才开

左页

成熟后，雄球花逐渐变长，并开始释放花粉。

右

这张放大图显示了北美乔松雄球花的单个花粉囊，几乎所有的花粉囊都已经开裂，并释放了花粉。

始长出枝干。北美乔松以其高大笔直的树干闻名，在17和18世纪是制作船舶桅杆的首选木材，对新英格兰的北美乔松的争夺（英国国王想为皇家海军的舰艇储备最好的木材）加速了美国独立战争的发生。虽然找到一棵森林里生长的北美乔松，凝望它的羽状顶部，或者直视它的树皮，都很有趣（在地面上无法察觉的微风都会引起顶部的颤动），但我认为最有意义的观察，应该是一棵像霍勒斯·沃波尔（Horace Walpole）描述的“从头到脚呈羽毛状的”北美乔松。

在一棵长在开阔地带的北美乔松幼树上，很容易看到北美乔松特有的枝干生长方式，即枝干总是从树干上的同一个点长出。这些轮生的枝干分别相距1–2英尺，形成一个个明显的平面或平台，数数这些平台的数量，你就可以粗略地算出该树的年龄。同样独特的是北美乔松的蓝绿色柔软针叶为5针一束。每个松树物种都有其特定的每束针叶数（矮松为2针一束，火炬松为3针一束），北美乔松是洛基山脉以东唯一一种5针一束的松树。北美乔松的针叶特征还包括从基部直至顶端的纵向白色条纹和“落叶鞘”。所有松树都有成束的针叶及包裹其基部（并聚拢针叶）的

左页

北美乔松的一年雌球果呈金属光泽的绿色和棕色。

右页

滴状的白色树脂让成熟的北美乔松松果看起来像经过了霜冻。

纸质叶鞘，但北美乔松（与火炬松和矮松不同）在第一年生长期的夏末时节蜕下其叶鞘。（这是区分软松和硬松的一个特征，北美乔松为“软”松。）北美乔松的松针也有所不同，它们会在第二年的生长期过后脱落，而其他大多数松树的松针留在树上的时间会更长，而且北美乔松的松针比许多松树更有弹性。总的来说，这些2至5英寸长的北美乔松松针似乎比其他松树的松针看起来更具美感。当你在雨后遇到它们，数千根松针的蓝绿色尖端还残留着最后的水滴，亮闪闪的，短暂而优雅，充满了诗意。

松针不像树叶那么容易引起注意，但事实上它们也是异形的树叶，并具备树叶的功能。它们通过光合作用，为树木制造养料（由于它们是常绿的，这一活动是能够全年持续进行的）。它们也会进行树叶的光合作用、呼吸作用和蒸腾作用（与空气交换二氧化碳、氧气和水蒸气）。像所有针叶树的针叶一样，北美乔松的松针还有助于“隔离”积雪。一些生物学家指出，针叶的大小和形状，（至少有一定作用）可以让雪落到地上，而不是堆积在枝干上，将其压断。而且不只是松针经过数千年的演化获得了这种独特的大小和形状来为树木服务，杉树也有类似的演化成果。区分云杉和冷杉的一种方法是通过查看针叶的形状——坚硬的云杉针叶的横截面为圆形（云杉的针叶可以在你的拇指和食指之间转动）；而较软的冷杉针叶是扁平的（无法转动）。

欣赏松针的另一种方法是观察其发育的不同阶段。美国博物学家温思罗普·帕卡德（Winthrop

Packard）将从松树种子里冒出的嫩茎顶部的第一簇针叶比作一棵美丽的棕榈树。他在《普利茅斯的旧时小径》中写道："它们唯一的嫩茎和其顶端展开的一圈嫩叶，大致比例就像一棵树叶被信风卷起并撕裂的菜棕一样。如此瘦弱的小枝桠竟能长成200英尺高的大树，即使要经过几百年的时间，还是难以置信……不起眼的开端总是能轻易将我们瞒骗。"从北美乔松的新枝里冒出的针叶也有强大的生长潜力。新枝是由新芽和新叶组成的，是松树在春季的标志性特征。只有最高的一个新枝会始终保持直立，其他新枝会慢慢下垂（朝水平方向发展或呈垂吊状），而且与周围的叶片相比偏黄绿色。每个新枝有一个柔软的中轴，中轴上一开始长满了小牙签状的嫩绿色物体，之后这些"牙签"看起来更像是金褐色的箭筒，上面冒出一支支绿色的小箭。这些箭筒就是叶鞘，小箭是松针，而且每个箭筒里有5支——数一数，是5支——小箭。很难说清楚这一点为何如此令人吃惊，不过也许是因为这棵树知道自己在做什么，而且总是分毫不差地重复着同一件事。

北美乔松的雌球果需要两年时间才能成熟，也具有标志性。这种白色的松果在9月份成熟，就像北美乔松树一样优雅：细长，尖端有时弯曲，每片层叠的鳞片尖上有一些银色斑点，没有尖锐的刺，常有星星点点的白色树脂。当周围条件适宜散播种子时，球果的种鳞会变干，并向后卷曲，让风可以吹进来，将原本嵌在鳞片之间的带翅种子散播出去。球果如何判断何时条件适宜呢？我想没有人知道完整的答案，但我们知道，北美乔松的松果会在温暖、干燥的天气打开，此时的条件有利于种子传播和发芽，而在天气阴冷潮湿，不利于种子传播和发芽的时候，松果会闭合。用松果制作工艺品的工匠们很快发现，即便在种子已经散播出去，球果已经落地之后，它们仍会这样做。有些松树的球果需要借助火的热量才能打开，而北美短叶松（*Pinus banksiana*）的"开启代码"是如此复杂，以至于你会认为是一位律师编写出来的。下面描述一下打开北美短叶松松果的顺序——可不只是一场山火，还需要依靠其自身树脂的短暂燃烧，然后是一段冷却期——读一读柯林（Collin Tudge）的《树木》，里面不仅对此有所描述，而且还有关于松果和其他树木特征的细节，令人瞠目结舌。

不但不同物种的松属植物的球果大小和形状有所不同，同一物种的不同个体的球果也会存在明显差异。换句话说，一棵火炬松与另一棵火炬松的球果可能会完全不同。（北美乔松松果的个体差异不及火炬松大，但我听说不同树上的球果也会有不同的特征。）我在此分享一段观察记录，由于其中描述的观察对象的原因，这里主要是关于火炬松，而不是北美乔松。林业人员汤姆·迪劳夫（Forester Tom Dierauf）讲述了关于一名弗吉尼亚部门林业松子园员工的故事，他对自己照料的火炬松熟悉到了知道每一颗雌球果来自哪一棵树的程度。“他只是一个高中生，但他对树木了如指掌，可以通过球果、松针或松针的排列——生长密度、在树枝上的伸展角度等——认出一部分松树。专家们都很重视他的意见。”这是很重要的，因为要在优秀的父株和母株（精心挑选的笔直、生长繁茂或树冠发达的树木）之间进行准确的配对，就必须知道哪些球果来自哪些母株。“他们有一幅地图（显示每棵母株的克隆体的生长位置），但如果查尔斯说某棵树被认错了，专家们会听从他的意见。他每天照看这些树，已经很多年了。”以这样的精准去观察，既难能可贵，又鼓舞人心，特别是涉及树木现象的时候，它证明了我们可以看到的远远超出我们的预料。

在北美乔松的松果里，通常每片种鳞后有两颗种子。与可食松（*Pinus edulis*，可进行商业松子采摘的西部松树）的大型种子不同，北美乔松的椭圆形种子很小，只有约1/4英寸长，翅约3/4英寸长。它们也可以食用（味甜，营养丰富），但非常麻烦，只有最专心的野生觅食者才会去采摘。（当然，松鼠可以用全部的时间，像人类对待朝鲜蓟一样去处理松果。）干燥的天气会让松果的种鳞打开，释放出嵌在其中的种子，暴雨来临前的大风有时会让松子纷落如雨，但当雨真正来临时，球

新芽和新叶形成了直立的新枝。这是北美乔松的新枝。

果又会再度闭合。不过，北美乔松散播种子的方式不止于此。有时候，在调查树木和搜索树木信息时，你会遇到一位和树木一样让你喜爱的博物学家，帕卡德对我来说就是这样一个人。下面是他的作品的另一段摘录（摘自《普利茅斯的旧时小径》中对马萨诸塞州普利茅斯附近的北美乔松树林的观察记录）：

> 我常常惊叹于一颗种子可以仅靠一个翅膀飞那么远。它一旦离开母株，气流就会让它在空中盘旋，把它变成只有一片螺旋桨的小陀螺仪。陀螺仪的特性使它保持稳定，而螺旋桨的旋转不断地使它上升……风力越强，小螺旋桨的旋转越能让它停留在空中。如果9月的大风让种子从球果中脱离，松树可以将种子播撒到下风处好几英里开外的地方。今早拂过我脸颊的那颗种子就没有这样的好运。它在涡流中绕着一块阳光明媚的林间空地旋转了一会儿，然后突然间盘旋向下，落入了草丛里。此时它的形状再次发挥了作用。第一片草叶阻挡了它的盘旋，它像铅锤一样直直地落下去，不见了。薄薄的螺旋桨变成了它的尾巴，使其保持头部向下，极聪明地钻进肥沃的土壤里。

陀螺仪似的种子，草叶阻挡了它的盘旋，它的头部“极聪明地”钻进肥沃的土壤里。这样的描述让我想到，当你发现有人和你有着同样的激情，是多么欢欣鼓舞；发现有人比你看得更加仔细，是多么激动人心；关注树木、它们的种子，还有它们将后代送到这个世界的巧妙方法，是多么启迪人心（同时令人惊叹）。

北美乔松种子，连翅膀一起，大约只有一英寸长，它在松果的鳞片之间发育。当鳞片变干、分开时，就会释放出嵌在其中的种子。

这些硕大而显眼的毛泡桐种荚现在是空的，其中的数千颗种子已经散播出去了。

AFTERWORD
后记

“似乎真正的乐趣在于探寻事实，而非得知事实。”

——玛丽·纽科姆

2010年4月14日，在弗吉尼亚州路易莎县的宰恩大十字观测汉堡王停车场的情形时，鲍勃说："我们本来可以在这里完成这本书的。"我们在那里碰头是为了交换一些植物资料——有时我会给他带一些他可能会拍摄的标本，有时他会给我一些他希望我写的东西——有时停车场周围的树木和我们彼此分享的东西同样有意思。那一天，在我们的停车场和旁边空地之间的一条狭窄的保龄球球道似的小路上，我们看到了：毛泡桐（有去年的果实、今年的花苞和花朵）、红花槭（叶片处于半开状态）、晚花稠李（正在绽放）、北美圆柏、山核桃（褪色的芽鳞仍然挂在树枝上，去年的坚果果壳落在了地上）、北美乔松（两棵高大美丽的树在高耸的加油站标志下面，可能是在这个标志竖起时种下的）、矮松（满载花粉的雄球花）、美国白栎（有柔荑花序）、北美红栎、蓝果树（华丽的叶子闪闪发亮，花很多）。还有大量的垃圾和烟头。在汉堡王后面，是一棵盛开的晚花稠李、一棵悬铃木、一棵合欢树（刚刚长叶，还挂着去年的果荚）、一棵刺槐（开花很早），还有许多北美鹅掌楸、臭椿和银白槭。

鲍勃说我们在这里完成这本书，并不完全是开玩笑，这也是我和鲍勃从这个项目中得出的一个结论：进行有意义的树木观测，并不一定需

树叶长出后，晚花稠李（*Prunus serotina*）洁白芬芳的花朵开始绽放。

要一片荒地或一个植物园。后院，甚至是一块废弃的地方就行了，树木观测中最大的障碍就是认为我们熟悉的场所没有值得观察的对象。乔治·奥威尔曾经指出，你需要不断地努力，才能看到自己眼前的事物。他说得对。有时熟悉的事物比不寻常的事物更难以看到，因为要真正看到熟悉的事物，你必须先打破忽视它的习惯。

说到观察后院树木的重要性，英国老人简·康毕斯（Jean Combes）是一个很好的例子。她坚持60多年记录她家附近的树木开花时间。英国林地信托指出，康毕斯从11岁开始做记录，但当时她认为这些记录

加拿大紫荆（*Cercis canadensis*）的未成熟果荚十分优美，常常藏在心形的叶子下面。

太过幼稚，所以将其全部销毁了。直到20岁的时候，她又重新开始详细地记录栎树、白桦、欧洲七叶树和椴树开始长新叶的日期。现在，科学家们用她的记录来研究气候变化对树木的影响。

我们得出第二个结论是，即便是你自认为已经十分了解的树木，也总有你不知道的一面。有一次，鲍勃向一位邻居询问，是否可以拍摄她的枫香树的花朵，她坚称："这棵树不开花。它只会长那些丑陋带刺的球。"一向颇有绅士风度的鲍勃委婉地指出，那些球果的前身就是花，而那些花当时正在开放。我自己也吃过自以为无所不知的苦头。有一年4月下旬的一天，鲍勃给我看了一根树枝，上面挂着果实，像是一些发育不良的豌豆荚。这些果荚仅约1英寸长，而且非常薄，看起来不像是果荚，倒像是流苏。但我能看出它们是未成熟的果荚，小小的，深绿色，边缘为栗色。我以为自己终于想到了这是什么，但鲍勃抢先给我提示，这是未成熟的紫荆果荚。紫荆是一种我原以为自己非常熟悉的树。现在我观察我的紫荆树时，不仅看它们乌木般的休眠芽、心形的叶子、蜂鸟般的花朵、成熟的豌豆荚状果荚，也会看看鼓胀起来的成熟果荚的前身——那些流苏状的突出部分。而且我现在认为，之前我竟然一直忽略它们的存在，实在是不可思议。观鸟人林达·柯勒（Linda Cole）说到画眉鸟时，曾对我说："一旦你了解了它，它就仿佛置身于霓虹灯下。"她费了很大力气才认出这类鸟，了解它们之后喜不自胜，我想了解树木特征也是这样。如果你没有意识到某种树木特征，你可能就看不到它，一旦你开始留意，你就不会再视而不见了。

当你能够辨别的树木特征越来越多，你的动力就会越来越大。当我注意到银杏树上的短枝（木质的叶痕堆），我就开始在各种果树（另一类具有短枝的树木）上看到它们。看过北美圆柏的蓝色"浆果"的发育之后，我对巴诺书店（Barnes & Noble）停车场的种植带里平枝圆柏（*Juniperus horizontalis*，同属刺柏属）肥大的蓝色果子也有了新的认识。突然之间，那些不起眼的植物看起来也不像从前那么了无生气了。

在艰苦地寻找了一番仍带子叶的水青冈小苗之后，我突然看到一棵槭树小苗，这才意识到它的子叶也还在。我和朋友在树林里发现的这棵小苗有着生机勃勃的红色子叶（“真”叶下的带状叶），这个发现让我们激动不已。后来我才意识到，每年春季，我从育苗盘里拔出来的那几百棵红花槭小苗，每一棵都带着它的子叶，不过这些子叶通常是绿色的。直到我进一步了解了子叶，我才真正知道，它们的子叶和其特有的顶部叶子并不相同。现在我就会注意到了。

为我们的树木调查中产生的大多数问题寻找答案的过程充满了乐趣，因此我想在此谈一谈这种学习的方式。如果说最令人愉快、最有意义的学习方式就是先有问题，然后得到答案，似乎太显而易见了。但如果真是这么显而易见，为什么我们总是先给出答案（尤其是对儿童），然后才让学生提出问题？在村上春树的一部小说（《海边的卡夫卡》）里，有一句话一语道破天机。叙述者描述了第二次世界大战期间的一所学校组织的郊游。那是一个不寻常的时间（国家处于战争状态，因为粮食定量供应，所以鼓励孩子们尽自己所能去寻找食物），但叙述者把它描述成了一次普通的学校郊游：“每个人都带了餐具和午餐。我们没有任何特定的东西需要学习，只是去山上收集蘑菇和野菜。”在我们这个州，没有教育目标（“学生们将会学到……”）的学校郊游几乎是非法的。仿佛是为了证明先提问后回答的重要性，一位朋友曾经把最早的一盒学习鸟鸣的录音带重新制作了一遍。录音带的发行机构让听众先听到鸟的名字，然后才是它的鸣叫。罗伯特·康柯林（Robert Conklin）（以及后来这种录音带的制作人）意识到了这是顺序颠倒的做法。如果你真的想让人们学习鸟鸣，你需要先播放鸟鸣声，让听众对此产生一些想法，并开始猜测这可能是哪种鸟的鸣叫，然后再给出答案。先提问，然后回答。

对于我们之中急切地想要让下一代对自然界产生兴趣的人，其中有一个教训需要谨记。不要说得太多。相反地，试试在山中毫无目的地漫游，这样可能会产生一些问题。这个项目让我学到了很多，也让我找到了许多问题的答案，但每天早晨促使我起床的，并不是我大脑中分门别类的新信息，而是那些我还没有找到答案的问题，那些我还没有看到的现象。我在地上找到的那些脱落的栎树树枝，为什么会有一端呈薄饼状？我会不会在我的北美圆柏上看到橄绿卡灰蝶或它的卵？

最后，谈谈别人的两点观察感受。首先是关于初学者，以及作为初学者的优点和缺点。对于一个不太熟悉“雄蕊”、“花柱”和“柱头”（在公开场合是这样；私下里我可以区分）的成年人，读懂这本书需要一些勇气。有些老生常谈的话给了我不少勇气：“有时候，新手看得最深入。”有时候，由于不受其他人规定的框架约束，新手可以看到被专家们忽视的一些事物，或者看到不同的角度。不仅如此，每一次观察都是独特的。植物学家可以像说“刀”、“叉”、“勺子”这些词一样脱口而出“雄蕊”、“花柱”和“柱头”（更不用提“球花”、“先出叶”、“镊合状托叶”等），但这并不意味着你，一个蹒跚学步的初学者，无法观察到他没有看到的东西。说不清有多少次，当我打电话给一位植物学家或护林员，请教关于某个很小的树木特征的问题，他却说“我不知道”，或者“我也没有见过”。我听完太高兴了！对于树木观察新手可能提出的大多数问题，已经有了现成的答案——就在互联网上，或者一些科学家和博物学家的大脑里——但真正的观察，需要你自己在某一天，某种光线下，某种天气情况下，用自己的眼睛去发现。真正危险的反倒是没有充分地把自己当作初学者。在我写这本书的两年时间里，最让我吃惊的一次树木观察对象是开着绿松石色花朵的大花四照花。当时我在弗吉尼亚州阿什兰，转了个弯就看到了它们——绿松石色。我的大脑几乎立刻就运转起来，开始根据已知的类别查找信息——水平伸展的树枝结构，弗吉尼亚州中部，4月中旬开花，花朵硕大，四瓣——这一定是大花四照花的花。突然之间它们看起来确实是大花四照花。但我要在这里报告，在某种奇异的光线下，大花四照花的花朵在一名神志清醒的观察者眼里，可以呈现出绿松石色。

第二个观察体验来自戴安·艾克曼（Diane Ackerman）的《动物园管理员的妻子》一书。艾克曼在描写某个昆虫集的重要性时写道：“当下收集的不仅是这些小昆虫，还有收集者本人的专注。这也是一种罕见的事物，会在脑海中闪现的一种陈列，其真正的价值在于在各种来自社会和个人的干扰下，依然保持的好奇心。‘收集’对于发生的一切是一个美好的词，因为一个人可以在一段时间里聚精会神，他的好奇心也像聚拢的雨水一样聚集了起来。”观察树木就像这样——它要求你聚精会神，让你去关注某些能够不断引发好奇心的事物。我和鲍勃带着这个想法，在此请你拿出你的好奇心，出发——到树林里去，到后院去，甚至是到废弃场所去，在那里你会遇见树木这种神奇的生命体。

致谢

“‘花的秆’可以替代‘花梗’使用吗？”“我可以把枫香果球描述成一个多室的果实，而不是聚合果吗？”博物学家约翰·海登（John Hayden）的答案是，前者“可以”，后者“不行”。所以在一年多的时间里，我一直试图在描述树木特征时使用既让初学者感兴趣，又不会让专家们不满的术语。里士满大学的生物学教授约翰是最有耐心、最认真的导师，他帮我解决了无数命名方面的难题。他不仅给予我帮助，还与我一同探索，他偶尔会与我分享自己的发现，并让我同样重视自己的发现。多么优秀的老师啊！

如果我的经历具有代表性，可以说所有的植物爱好者都乐于分享，在这本书的创作过程中，所有人都毫不犹豫地回答了我和鲍勃提出的问题。与我们分享专业知识的包括：护林员汤姆·迪劳夫、蒙蒂塞洛（Monticello）的植物历史学家彼得·哈奇（Peter Hatch）、弗吉尼亚理工大学林学教授杰夫（Jeff Kirwan）和约翰（John Seiler）、弗吉尼亚理工大学昆虫学家克里斯（Chris Asaro）、史密森尼学会研究员阿瑟·伊文斯，以及博物学家拜伦·卡敏、荣迪·莫纳尔和戴维·利布曼。园艺师斯考特·伯勒尔、蒙彼利埃园艺师桑迪·马德里奇和园艺师佩奇·辛格曼提供了关于球花树木特征的见解；堪萨斯州立大学坚果作物专家威廉·里德纠正了我关于黑胡桃的一些错误看法（包括采收时间）；伊丽莎白·曼迪分享了Acer Acres公司收集的鸡爪槭品种；林达·阿姆斯特朗、迈克·菲茨、约翰·胡格和露易斯·威瑟斯庞提供了文字和美术方面的建议。

兰道尔夫—麦肯学院教授格雷戈里·多尔蒂帮助我翻译了林奈双名法出现前的植物拉丁名，以下同事在我和鲍勃需要的时候，不厌其烦地帮助我们寻找植物的树枝、花朵及其他部位：分子生物学家克里斯·赫伯斯特、Brookside花园植物收集经理费尔·诺曼迪和弗吉尼亚自然遗产项目首席生物学家克里斯·路德维希。乔恩·戈尔登和提娜·努恩兹提供了技术和研究支持，Timber出版社主编汤姆·费舍尔和编辑艾伦·惠特为完善本书提出了宝贵建议。

与以往一样，鲍勃和我要感谢我们的配偶波比（Bobbi Llewellyn）和约翰（John Hugo）的后勤和精神支持（他们都是心理学家，多幸运啊！）。我们还要特别感谢我的孙子戴维·胡格（David Hugo），他在9岁时发现了蜂鸟形状的紫荆花，并促使我们更加仔细地观察我们所有的树木。如果能像戴维一样观察事物，我愿意用许多小才能来交换。

附录

单位换算表

英寸/毫米

1/32英寸=0.5毫米

1/16英寸=1.5毫米

1/8英寸=3.2毫米

1/4英寸=6.4毫米

英尺/米

1英尺=0.3米

1码/3英尺=0.9米

200码=183米

600码=549米

英寸/厘米

1/2英寸=1.3厘米

3/4英寸=1.9厘米

1英寸=2.5厘米

英里/千米

1英里=1.6千米

100英里=161千米

200英里=322千米

磅/千克

1磅=0.4千克

英亩/公顷

1/4英亩=0.10公顷

1/2英亩=0.20公顷

1英亩=0.40公顷

参考书目

Ackerman, Diane. 2007. *The Zookeeper's Wife: A War Story.* New York: W. W. Norton & Company.

Andreae, Christopher. 2006. *Mary Newcomb.* London: Lund Humphries Publishers.

Bell, Richard. 2005. *Rough Patch.* Wakefield, West Yorkshire: Willow Island Editions.

Burns, Russell M., and Barbara H. Honkala, tech. coords. 1990. *Silvics of North America: 1. Conifers; 2. Hardwoods.* Agriculture Handbook 654. Washington, D.C.: USDA, Forest Service.

Cohu, Will. 2007. *Out of the Woods: The Armchair Guide to Trees.* London: Short Books.

Collingwood, George H., and Warren Brush. 1984. *Knowing Your Trees.* Washington, D.C.: American Forestry Association.

Darley-Hill, Susan, and W. Carter Johnson. 1981. Acorn dispersal by the blue jay. *Oecologia* 50: 231–232.

Deakin, Roger. 2007. *Wildwood: A Journey Through Trees.* New York: Free Press.

Dirr, Michael. 1998. *Manual of Woody Landscape Plants: Their Identification, Ornamental Characteristics, Culture, Propagation and Uses.* Champaign, Illinois: Stipes Publishing.

Edlin, Herbert L. 1978. *Trees, Woods and Man.* London: Collins.

Frazier, Charles. 1997. *Cold Mountain.* New York: Atlantic Monthly Press.

Heinrich, Bernd. 1997. *The Trees in My Forest.* New York: Harper Collins.

Holthuijzen, Anthonie M., and T. L. Sharik. 1985 The avian seed dispersal system of eastern red cedar *(Juniperus virginiana).*

Canadian Journal of Botany 63: 1508–1515.

Illick, Joseph, 1919. *Pennsylvania Trees*. Harrisburg: Department of Forestry, Commonwealth of Pennsylvania.

Illick, Joseph. 1924. *Tree Habits: How to Know the Hardwoods*. Washington, D.C.: American Nature Association.

Lewington, Richard (illustrations), and David Streeter (text). 1993. *The Natural History of the Oak Tree*. London: Dorling Kindersley.

Maloof, Joan. 2007. *Teaching the Trees: Lessons from the Forest*. Athens and London: University of Georgia Press.

Martin, Alexander C., Herbert S. Zim, and Arnold L. Nelson. 1961. *American Wildlife and Plants: A Guide to Wildlife Food and Habits*. New York: Dover Publications.

McClure, Mark S. 1974. Biology of *Erythroneura lawsoni* (Homoptera: Cicadellidae) and coexistence in the sycamore leaf-feeding guild. *Environmental Entomology* 3: 59–68.

Merwin, W. S. 2010. *Unchopping a Tree: The Book of Fables*. Port Townsend, Washington: Copper Canyon Press.

Murakami, Haruki. 2005. *Kafka on the Shore*. Trans. Philip Gabriel. New York: Vintage.

Nabokov, Vladimir. 2000. *Speak Memory*. New York: Penguin.

Packard, Winthrop. 1920. *Old Plymouth Trails*. Boston: Winthrop Packard.

Peattie, Donald Culross. 1991. *A Natural History of Trees of Eastern and Central North America*. Boston: Houghton Mifflin.

Plants Database, US DA. http://plants.usda.gov.

Reid, William, Mark Coggeshall, and H. E. Garrett. 2009. Growing Black Walnuts for Nut Production. www.centerforagroforestry.org/pubs/index.asp#walnutNuts.

Rogers, Julia Ellen. 1923. *The Tree Book: A Popular Guide to a Knowledge of the Trees of North America and to Their Uses and Cultivation*. New York: Doubleday.

Rogers, Walter E. 1965. *Tree Flowers of Forest, Park, and Street*. New York: Dover Publications.

Sibley, David Allen. 2009. *The Sibley*

Guide to Trees. New York: Knopf.

Sorensen, Anne E. 1981. Interactions between Birds and Fruit in a Temperate Woodland. *Oecologia 50:* 242–249.

Spalding, Volney M., Bernhard E. Bernhard, Filbert Roth, and Frank H. Chittenden. 1899. *The White Pine*. Washington, D.C.: Division of Forestry.

Suzuki, David, and Wayne Grady. 2004. *Tree: A Life Story*. Vancouver: Greystone Books.

Thomas, Lewis. 1983. *Late Night Thoughts on Listening to Mahler's Ninth Symphony*. New York: Penguin.

Thoreau, Henry D. 1993. *Faith in a Seed: The Dispersion of Seeds and Other Late Natural History Writings*. Washington, D.C.: Island Press.

Tudge, Collin. 2006. *The Tree: A Natural History of What Trees Are, How They Live, and Why They Matter*. New York: Crown.

Watts, May Theilgaard. 1999. *Reading the Landscape of America*. Rochester, New York: Nature Study Guild.

Wulf, Andrea. 2009. *The Brother Gardeners: Botany, Empire and the Birth of an Obsession*. New York: Knopf.

Zimmer, Paul. 1983. "Work," in *Family Reunion: Selected and New Poems*. Pittsburgh, Pennsylvania: University of Pittsburgh Press.

中外词汇对照表

Abies 冷杉属

Acer 槭属

japonicum 羽扇槭

negundo 梣叶槭

palmatum 鸡爪槭

pensylvanicum 条纹槭

saccharinum 银白槭

saccharum 糖槭

achenes 瘦果

Aesculus 七叶树属

hippocastanum 欧洲七叶树

Ailanthus altissima 臭椿

alder (*Alnus* species) 桤木属

Amelanchier 唐棣属

American basswood/linden (*Tilia americana)* 美洲椴

American beech (*Fagus grandifolia*) 大叶水青冈

American elm (*Ulmus americana*) 美国榆

American holly (*Ilex opaca*) 北美齿叶冬青

American sycamore (*Platanus occidentalis*) 一球悬铃木

Angiosperms 被子植物

anthocyanin production 花青素生成

apple (*Malus domestica*) 苹果

ash (*Fraxinus* species) 梣属

aspen (*Populus* species) 杨属

bark 树皮

basswood (*Tilia* species) 椴属

beech (*Fagus* species) 水青冈

Betula 桦木属

alleghaniensis 黄皮桦

lenta 黄桦

nigra 黑桦

papyrifera 纸桦

bipinnate leaves 二回羽状复叶

birch (*Betula* species) 桦木属

birds, and fruit 鸟类和果实

black birch (*Betula lenta*) 黄桦

black cherry (*Prunus serotina*) 晚花稠李

black locust (*Robinia pseudoacacia*) 刺槐

black oak (*Quercus velutina*) 黑栎

black walnut (*Juglans nigra*) 黑胡桃

图书在版编目(CIP)数据

怎样观察一棵树:探寻常见树木的非凡秘密/(美)南茜·罗斯·胡格著;(美)罗伯特·卢埃林摄影;阿黛翻译.—北京:商务印书馆,2016(2024.4重印)
ISBN 978-7-100-12462-1

Ⅰ.①怎… Ⅱ.①南…②罗…③阿… Ⅲ.①树木—普及读物 Ⅳ.①S718.4-49

中国版本图书馆CIP数据核字(2016)第185245号

怎样观察一棵树:探寻常见树木的非凡秘密

〔美〕南茜·罗斯·胡格 著
〔美〕罗伯特·卢埃林 摄影
阿黛 译

商务印书馆出版
(北京王府井大街36号 邮政编码100710)
商务印书馆发行
北京新华印刷有限公司印刷
ISBN 978-7-100-12462-1

2016年9月第1版　　开本787×1092 1/16
2024年4月北京第10次印刷　　印张18¼
定价:118.00元